Mauro Luisetto
Khaled Edbey
Giulio Tarro

Produção biofarmacêutica em grande escala:O papel do grafeno - deriva

Mauro Luisetto
Khaled Edbey
Giulio Tarro

Produção biofarmacêutica em grande escala:O papel do grafeno - deriva

m vacina RNA: implicações toxicológicas

ScienciaScripts

Imprint

Any brand names and product names mentioned in this book are subject to trademark, brand or patent protection and are trademarks or registered trademarks of their respective holders. The use of brand names, product names, common names, trade names, product descriptions etc. even without a particular marking in this work is in no way to be construed to mean that such names may be regarded as unrestricted in respect of trademark and brand protection legislation and could thus be used by anyone.

Cover image: www.ingimage.com

This book is a translation from the original published under ISBN 978-620-4-98310-3.

Publisher:
Sciencia Scripts
is a trademark of
Dodo Books Indian Ocean Ltd. and OmniScriptum S.R.L publishing group

120 High Road, East Finchley, London, N2 9ED, United Kingdom
Str. Armeneasca 28/1, office 1, Chisinau MD-2012, Republic of Moldova, Europe
Printed at: see last page
ISBN: 978-620-5-69333-9

Conteúdos

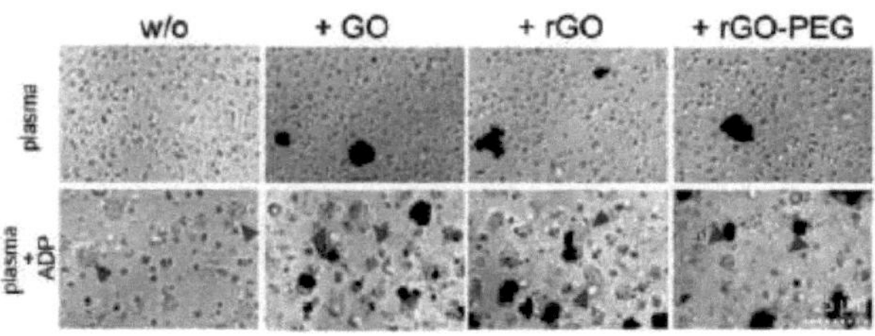

Autores

1)luisetto m IMA academia , docência Toxicologia e farmacologia , Ramo das ciências naturais ITÁLIA 29121

2) Tarro G , Professor, Presidente da Fundação T & L de Beaumont Bonelli para a Investigação do Cancro, Nápoles Itália

3) Naseer Almukthar, Professor de fisiologia Universidade Babilónia Iraque

4) Nili B. Ahmadabadi ,Nano Drug Delivery, (uma empresa de desenvolvimento de produtos), Estados Unidos

5)Ram Sahu ,Departamento de Ciências Farmacêuticas, Universidade de Assam, Silchar, Assam, 788011, Índia

6)Farhan Ahmad Khan Professor, Departamento de Farmacologia, Jawaharlal Nehru Medical College, AMU, Aligarh

7) Mashori Gulam Rasool, Professor, Departamento de Ciências Médicas e da Saúde para a Mulher, instituto de ciências farmacêuticas, Universidade Popular de Ciências Médicas e da Saúde para a Mulher, Paquistão

8) Cabianca L. bio-medicina laboratório Turim Itália Citta' della Salute

9) Fiazza C , investigador Independer , farmacologista médico Itália Área Pc

10) Gadama G Prince , Presidente da Universidade CYPRESS do Malawi

11) Oleg Yurevich Latyshew Academia IMA Marijnskaya Presidente RU

PALAVRAS-CHAVE: grafeno, óxido de grafeno, purificação farmacêutica, processo, manifesto, biofarmacêuticos

Matérias-primas , toxicologia, GMP, impurezas, controlo de qualidade, m vacina RNA, C.O.V.I.D.-19, contas magnéticas de grafeno, processo regulador

Autor correspondente : luisetto mauro maurolu65@gmail.com +393402479620

CAPÍTULO 1 Resumo

O objectivo deste trabalho é investigar o papel desempenhado pelo grafeno e seus derivados em algum processo de manifestação relevante como a purificação e absorção.

As propriedades físicas químicas deste produto inovador tornam possível compreender porque são

Utilizado em muitos campos biomédicos e outros como biossensores, na purificação de água para remover procedimentos de metais pesados, no campo diagnóstico, mas também em purificações farmacêuticas, na extracção, purificação de ADN, ARN e outras biomoléculas, portadoras, adiuvant, antibacterianas e outras utilizações biológicas e industriais.

A produção em grande escala é diferente da produção em laboratório, mas são utilizadas as mesmas propriedades quimico-físicas.

A produção clássica de fármacos manifestantes, bem como os biofarmacêuticos, precisam de verificar a presença de

Impureza na matéria-prima e nos medicamentos finiscados para necessidade regulamentar e para segurança do paciente.

Por esta razão, é interessante verificar a utilização em alguns procedimentos de manifestação em grande escala de produtos inovadores como a Vacina m RNA.

Uma vez que este produto GRAPHENE OXIDE e outros produtos relacionados são reconhecidos com propriedades toxicológicas, é fortemente recomendado pelos autores se utilizado no processo de manifesto para testar no produto final a ausência total desta molécula com relatório escrito dentro da ficha técnica aprovada.

CAPÍTULO 2 Introdução

Observando alguns factos reveladores (referência de A - L) relacionados :

1)ÚLTIMO relatório oficial actualizado do FV da EMA FDA, AIFA relativo a alguns RAROS procedimentos ADR severos após alguns procedimentos C.O.V.I.D.-19 de vacina

 2)a actualização oficial da ficha técnica de alguma desta vacina, com o acréscimo de novos efeitos secundários ou contra-indicações

3) a recolha por instituição pública de alguns lotes desta vacina ou limitação em alguma subpolulação ou paragem da distribuição de alguma desta vacina em países determinados

 é relvado investigar melhor o perfil da impureza, tal como acontece com outros produtos biotecnológicos de forma natural.

Todos os anos vários medicamentos registados e autorizados são recolhidos pela agência reguladora pública (por exemplo, os últimos casos de Ranitidina devido à possibilidade da presença de impureza de um sustantia cancerígeno) é interessante observar a estratégia inovadora de produção de alguma m de vacina contra o ARN.

Por exemplo, na literatura científica, ou em algum relatório de avaliação de vacinas ou em patentes é possível verificar :

Relacionado com o papel de alguma técnica analítica espectroscópica na produção biofarmacêutica, é interessante:

Química Anal Bioanal. 2022

2021 Oct 20. doi: 10.1007/s00216-021-03727-4

O papel da espectroscopia Raman em biofarmacêuticos desde o desenvolvimento até ao fabrico

Karen A. Esmonde-White, Maryann Cuellar, Ian R. Lewis

"Os bio-fármacos revolucionaram o campo da medicina nos tipos de moléculas de ingredientes activos e indicações tratáveis. A adopção de estruturas de **Qualidade por Design e Tecnologia Analítica de Processo (P.A.T.)** ajudou o campo bio-farmacêutico a realizar uma qualidade de produto consistente, intensificação do processo e controlo CQ em tempo real. Como parte da estratégia PAT, a espectroscopia Raman oferece muitos benefícios e é utilizada com sucesso no bio-processamento, desde a análise de célula única até ao **controlo do processo cGMP.** Desde que foi introduzida pela primeira vez em 2011 para aplicações de bio-processamento industrial, a Raman tornou-se um PAT de primeira escolha para monitorização e controlo de processos biológicos a montante, porque facilita o controlo avançado do processo e permite uma qualidade de processo consistente. Este trabalho irá discutir novas fronteiras na extensão destes sucessos a montante, desde a escalada para baixo até ao fabrico comercial. Novos relatórios sobre a utilização da espectroscopia Raman na ciência básica de células únicas e monitorização de processos a jusante ilustram o reconhecimento industrial do valor da Raman ao longo do ciclo de vida de um produto biofarmacêutico. A **espectroscopia Raman tem sido utilizada desde 2006 para fornecer controlo de qualidade analítica**

de formulações compostas armazenadas em frascos ou directamente através de bombas de infusão poliméricas em ambientes hospitalares".

Antes de iniciar este trabalho é interessante observar os variuos reseache e as aplicações dos derivados do grafeno no campo da química, ciência do ambiente, biotecnologia e medicina.

Toda esta utilização está relacionada com as propriedades físico-químicas peculiares desta molécula e isto é óbvio para todos.

Mas se é evidente que nas últimas décadas muitas aplicações tecnológicas foram introduzidas em materiais e procedimentos relacionados, é relevante observar também o perfil de toxicidade destes produtos.

Materiais úteis sim, mas deve ser profundamente verificado o que acontece quando se utiliza esta tecnologia.

Este trabalho não se concentra no aspecto da toxicologia clínica, mas apenas no que acontece em durig e após alguma manifestação industrial em grande escala de bio-fármacos usando grahene e os seus derivados.

Estes produtos tornam possível aumentar a eficiência na produção, mas temos a certeza de que não se tornam impurezas ou contaminantes para os produtos biológicos produzidos com este tipo de substância química?

E o que significa quando uma grande incústria farmacêutica relacionada P.E.G.2000-DMG controla eccipiente usado para uma famosa vacina C.O.V.I.D.- 19 do m-RNA: no relatório de avaliação da EMA 2021 foi escrito **"A especificação não é actualmente aceitável"** e **"A actual comunicação de impurezas não é aceitável".**

Ver avaliação Moderna RELATÓRIO EMA 2021

Drug Deliv Transl Res. 2014 Dez 1. doi: 10.1007/s13346-013-0176-5

Questionando a Utilização da P.E.G.ylation para a Entrega de Drogas Johan J.F. Verhoef e Thomas ﹒. Anchordoquy

"O polietilenoglicol é amplamente utilizado no fornecimento de medicamentos e nanotecnologia devido às suas alegadas propriedades "furtivas" e biocompatibilidade. Pensa-se geralmente que a P.E.G.ylation permite que os sistemas de fornecimento de partículas e bio materiais escapem ao sistema imunitário e assim prolonguem a vida útil da circulação".

E em 19 de Fevereiro de 2021

EMA/707383/2020

Comité dos Medicamentos para Uso Humano (CHMP)

Relatório de avaliação Comirnaty

"Fabricantes

A substância activa é fabricada e controlada por Wyeth BioPharma Division, Andover,U S ou por BioNTech Manufacturing GmbH, Mainz, Alemanha, e Rentschler Biopharma SE,Laupheim, Alemanha.

Durante o procedimento, foram destacadas várias questões relacionadas com o estado de BPF do fabrico da substância activa e dos locais de ensaio do produto acabado para efeitos de libertação de lotes.

Estas questões foram classificadas como Objecção Principal (M.O). Após a obtenção de mais informações dos sítios e dos inspectores, o MO foi considerado resolvido.

Foram subsequentemente obtidos os certificados de BPF da UE para os locais de fabrico e teste. Estão em vigor autorizações de fabrico e certificados de BPF adequados para todos os locais de fabrico de substâncias activas e de produtos acabados.

Foram utilizados dois processos de substâncias activas durante o desenvolvimento; Processos 1 e 2. As principais alterações entre os Processos AS 1 e 2 são: aumento da escala do processo, mudança do modelo de ADN de um modelo PCR para ADN plasmídeo linearizado, **substituição da purificação do grânulo magnético pela digestão da proteinase K**

e passos UFDF.

Com base nas diferenças observadas entre os lotes fabricados por substância activa Processo 1 e 2 para o CQA mR.N.A. integridade e falta de dados de caracterização, foi levantada uma OBJECÇÃO MO -MAJOR em relação à comparabilidade, caracterização e qualificação clínica da proposta

critérios de aceitação. A caracterização biológica da substância activa foi limitada, e foram solicitados dados adicionais e discussão para abordar a funcionalidade. Devem ser fornecidos dados adicionais de caracterização da substância activa para confirmar as identidades das bandas Western- Blot (WB) observadas obtidas através do ensaio de expressão in vitro".

Até se resolveu este MO o que significa num controlo de qualidade da matéria-prima utilizada e do procedimento utilizado e porque é que este foi alterado ?

Pergunta parlamentar - P-000303/2022

Parlamento Europeu

Tempo para a verdade sobre a presença de grafeno nas vacinas C.O.V.I.D.-19

24.1.2022

Pergunta prioritária para resposta escrita P-000303/2022

à Comissão

Regra 138 Sergio Berlato (ECR)

"Uma investigação recente do Dr Ricardo Delgado M. e o relatório técnico do Dr P. Campra 'Detecção de grafeno em vacinas C.O.V.I.D. por espectroscopia de micro-Raman' afirmam que as vacinas C.O.V.I.D.-19 contêm grafeno.

Como relatado pelo CORDIS em 2018, uma equipa de investigadores provou que o grafeno é capaz de converter sinais electrónicos em sinais na gama terahertz, com triliões de ciclos por segundo.

Os componentes electrónicos baseados em silício que utilizamos hoje em dia geram velocidades de relógio na gama de GHz, onde 1 GHz é igual a 1 000 milhões de ciclos por segundo. Os cientistas mostraram que o grafeno pode converter sinais com estas frequências em sinais com frequências milhares de vezes superiores às criadas pelo silício.

O grafeno é portanto capaz de absorver a radiação, o que significa que, se contido numa vacina, seria altamente tóxico e prejudicial para a saúde humana.

À luz desta recente investigação, tenciona a Comissão mandar um laboratório químico analítico independente efectuar uma análise cuidadosa para verificar a presença de grafeno nas vacinas C.O.V.I.D.-19"?

Última actualização: 27 de Janeiro de 2022

Pergunta parlamentar - P-000303/2022(ASW)

Parlamento Europeu

Resposta dada pela Sra. Kyriakides em nome da **Comissão Europeia**

8.3.2022

Pergunta escrita

"Na UE, uma autorização de introdução no mercado só é concedida a um medicamento depois de a sua qualidade, segurança e eficácia terem sido avaliadas e de ter sido concluído um balanço positivo de risco-benefício relacionado com a sua utilização. Para autorizações da UE de vacinas C.O.V.I.D.-19, esta avaliação é realizada pela Agência Europeia de Medicamentos.

A EMA analisou relatórios que descrevem a análise de vários frascos de vacinas C.O.V.I.D.-19 sugerindo a presença de grafeno e concluiu que os dados actualmente disponíveis não mostram a presença de grafeno nas vacinas em questão. A análise do grupo de trabalho da EMA para medicamentos biológicos incluiu uma entrada na espectroscopia Raman da Direcção Europeia para

a Qualidade dos Medicamentos e dos laboratórios de ensaio nacionais independentes responsáveis pela libertação dos lotes (OMCLs).

O óxido de grafite GO não é utilizado no fabrico ou formulação de qualquer das vacinas C.O.V.I.D.-19 ou outros medicamentos, pelo que não estaria presente nas instalações de fabrico - e não há nenhuma forma óbvia de poder entrar nas vacinas. Os **testes de controlo de qualidade e a revisão da garantia de qualidade, pelos fabricantes de vacinas e OMCLs responsáveis pela libertação dos lotes, confirmam que cada lote cumpriu todas as normas de qualidade antes da libertação.** Não foram recebidas reclamações de produtos para os lotes mencionados no papel. **A presença de grafeno ou derivados de grafeno nas vacinas não é, portanto, plausível.**

A Comissão e a EMA não consideram que, nesta fase, sejam necessárias quaisquer outras - acções".

Gatti AM (1,2) , Montanari S (3) (2016) Novas Investigações de Controlo de Qualidade em Vacinas: Micro e Nanocontaminação. Int J Vacinas Vaccin 4(1): 00072. DOI: 10.15406/ijvv.2017.04.00072

1Conselho Nacional de Investigação de Itália, Instituto para a Ciência e Tecnologia da Cerâmica, Itália

2International Clean Water Institute, EUA

3Nanodiagnósticos srl, Itália

Antes de C.O.V.I.D.-19 Pandemia ter sido notificada :

" foi aplicado um método de investigação de microscopia electrónica ao estudo de vacinas, com o objectivo de verificar a presença de contaminantes sólidos por meio de um Microscópio de Scanning Electron Ambiental equipado com uma microssonda de raios X. Os resultados desta nova investigação mostram a presença de micro e nanopartículas de partículas de tamanho nanométrico compostas por elementos inorgânicos em amostras de vacinas que não são declaradas entre os componentes e cuja presença indevida é, por enquanto, inexplicável. Uma parte considerável desses contaminantes de partículas já foi verificada noutras matrizes e relatada na literatura como não bio degradável e não bio compatível.

Foram analisados **44 tipos de vacinas** provenientes de 2 países (Itália e França). A tabela agrupa-os em termos de nome, marca e finalidade.

As análises efectuadas mostram que em todas as amostras verificadas as vacinas contêm corpos estranhos não bio-compatíveis e bio-persistentes que não são declarados pelos Produtores, contra os quais o corpo reage em qualquer caso.

As investigações verificaram a composição físico-química das vacinas consideradas de acordo com o componente inorgânico, tal como declarado pelo Produtor. Em detalhe, **verificámos a presença de sais salinos e de alumínio, mas foi ainda identificada a presença de corpos micro, sub-micro e nanosa, inorgânicos, estranhos (entre 100nm e cerca de dez microns) em todos os casos, cuja presença não foi declarada nos folhetos entregues na embalagem do produto.**

Esta nova investigação representa um novo controlo de qualidade que pode ser adoptado para avaliar a segurança de uma vacina. A **nossa hipótese é que esta contaminação não é intencional, uma vez que se deve provavelmente a componentes ou procedimentos poluídos de processos industriais (filtrações) utilizados para produzir vacinas, não investigados e não detectados pelos Produtores.** Se a nossa hipótese for realmente o caso, uma inspecção atenta dos locais de trabalho e o pleno conhecimento de todo o procedimento de preparação da vacina permitiria provavelmente eliminar o problema. Depois de serem injectadas, essas micropartículas, nanopartículas e agregados podem permanecer em redor do local de injecção, formando tumefacções e granulomas. Mas também podem ser transportadas pela circulação do sangue, escapando a qualquer tentativa de adivinhar qual será o seu destino final. Acreditamos que em muitos casos se distribuem pelo corpo sem causar qualquer reacção visível, mas também é provável que, em algumas circunstâncias, cheguem a algum órgão numa quantidade justa. Tal como acontece com todos os corpos estranhos, particularmente aquele pequeno, eles induzem uma reacção inflamatória que é crónica porque a maioria dessas partículas não pode ser degradada. O efeito proteína-corona (devido a uma nano-bio-interacção pode produzir partículas compostas orgânicas/inorgânicas capazes de estimular o sistema imunitário de uma forma indesejável. É impossível não acrescentar que partículas do tamanho frequentemente observado nas vacinas podem entrar nos núcleos celulares e interagir com o ADN".

De acordo com um **trabalho NÃO ASSINADO** por investigações nanotecnológicas sobre vacinas C.O.V.I.D.-19.

Livro branco sobre as composições das vacinas

The Scientists' Club : em agosto de 2021 Foi escrito na conclusão pelo autor

"As "vacinas" analisadas apresentam componentes que não são mencionados na ficha técnica e

cuja presença não parece ter a ver com o conceito de vacina. Uma vez que não estão

incluídos na documentação apresentada às organizações governamentais (FDA, EMA, etc.) para

a aprovação legal que visa a comercialização e o uso humano, parecem ser um

contaminação provavelmente devido ao processo industrial de fabrico. Parece que ninguém

controlou o produto final antes da sua distribuição".

Relatamos este trabalho apenas para gerar hipoteses a serem verificadas.

Pré-impressão DETECÇÃO DE GRAPHENE EM C.O.V.I.D.19 VACCINAS

Novembro 2021 PABLO CAMPRA Pablo Campra, professor catedrático de ciências químicas na Universidade de Almeira em Madrid

"Apresentamos aqui o nosso trabalho de investigação sobre a presença de grafeno nas vacinas C.O.V.I.D.. Realizámos um rastreio aleatório de nanopartículas de grafeno visíveis ao microscópio óptico em sete amostras aleatórias de frascos de quatro marcas diferentes, acoplando imagens com as suas assinaturas espectrais de vibração RAMAN. Através desta técnica, chamada microRAMAN, conseguimos determinar a presença de grafeno em algumas destas amostras, após a triagem de mais de 110 objectos seleccionados para a sua aparência de grafeno sob microscopia óptica. Destes, foi seleccionado um grupo de 28 objectos, devido à compatibilidade tanto das imagens como dos espectros com a presença de derivados do grafeno, com base na correspondência destes sinais com os obtidos a partir de normas e literatura científica. A identificação das estruturas GO de óxido de grafeno pode ser considerada conclusiva em 8 deles, devido à elevada correlação espectral com o padrão. Nos restantes 20 objectos, as imagens acopladas aos sinais Raman mostram um nível muito elevado de compatibilidade com estruturas não determinadas de grafeno, diferente do padrão aqui utilizado. Esta investigação permanece aberta e é posta à disposição da comunidade científica para discussão. Fazemos um apelo aos investigadores independentes, sem conflito de interesses ou coacção de qualquer instituição, para que façam uma contra-análise mais ampla destes produtos de modo a obter um conhecimento mais detalhado da composição e do potencial risco para a saúde destes medicamentos experimentais, lembrando que os materiais de grafeno têm uma potencial toxicidade para os seres humanos e que a sua presença não foi declarada em nenhuma autorização de utilização de emergência. "

Material Estrangeiro em Amostras de Sangue de Recipientes de Vacinas C.O.V.I.D.-19

Young Mi Lee , Sunyoung Park MD, e Ki-Yeob Jeon

Revista Internacional de Teoria, Prática e Investigação de Vacinas 11 de Março de 2022

"The Korea Veritas Doctors (Ko.Ve.Docs) for C.O.V.I.D.-19 previamente encontrou certos materiais estrangeiros e entidades semelhantes a parasitas em movimento no Pfizer e Moderna mR.N.A. C.O.V.I.D.-19 vacinas, uma vez que essas vacinas foram aquecidas até perto da temperatura ambiente . Relatamos materiais estranhos similares encontrados em amostras de sangue centrifugado de 8 receptores de vacinas C.O.V.I.D.-19 em contraste com 2 indivíduos que não receberam nenhuma vacina C.O.V.I.D.-19 e que não tinham nenhum dos materiais estranhos no seu plasma sanguíneo. A preponderância das provas sugere que os materiais estrangeiros encontrados nos receptores da vacina C.O.V.I.D.-19 no estudo aqui relatado foram injectados nos seus corpos quando receberam uma ou mais doses das vacinas C.O.V.I.D.-19. As amostras de sangue foram preparadas e observadas sob um estereomicroscópio

após ser centrifugado a 2.200 rpm durante 30 minutos. Dos 8 C.O.V.I.D.-19 recipientes da vacina: 6 amostras de plasma continham um disco multicamadas de composição não identificada; 3 amostras continham materiais semelhantes a bobinas com contas; 1 amostra de plasma continha um feixe fibroso de material estranho semelhante com contas; e um grupo diferente de 3 amostras tinha formações semelhantes a cristais de material estranho.

As várias formas e tamanhos de materiais estranhos nos plasmas centrifugados de C.O.V.I.D.-19 indivíduos vacinados assemelhavam-se muito às formas e tamanhos de materiais estranhos anteriormente observados directamente nas próprias vacinas. Estas descobertas são a base da nossa recomendação de que (a) uma avaliação mundial colaborativa do conteúdo das vacinas C.O.V.I.D.-19, e das amostras de sangue e plasma dos indivíduos vacinados com C.O.V.I.D.-19, seja realizada imediatamente com toda a diligência. (b) que haja uma cessação imediata das vacinas C.O.V.I.D.-19 em todo o mundo e o abandono de qualquer C.O.V.I.D.-19 "Vaccine Pass Policy" e qualquer outra forma

de mandato para vacinações C.O.V.I.D.-19; e, (c) que sejam realizados estudos colaborativos de emergência de protocolos de desintoxicação para sequelas de vacinas C.O.V.I.D.-19".

numa pesquisa recentemente publicada por DISINFECTION ad Natura Docet Darkfield microscope analysis n 1/ 2022 : Análise ao microscópio de campo escuro do sangue de 1086 sujeitos sintomáticos após vacinação com dois tipos de vacina mR.N.A.

Giovannini F, Cipelli Benzi R, Pisano GP

"No presente estudo analisámos com um microscópio óptico de campo escuro a gota de sangue periférico de 1006

sujeitos sintomáticos após inoculação com a vacina mR.N.A. (Pfizer/ BioNTech ou Moderna), a partir de Março de 2021.

948 sujeitos (94%) mostraram agregação de eritrócitos e a presença de partículas de várias formas e tamanhos de origem pouco clara após um mês da inoculação da vacina mR.N.A. A análise SEM (com estudo da BSE, SE e SED) do sangue de 2 sujeitos (casos 3 e 4), realizada pelo Laboratório de Microscopia Electrónica, Departamento de Química, da Universidade de Turim é anexada (ANEXO I)".

Entre a nova utilização do produto derivado do grafeno é possível ver

da literatura :

Rumo à Perfeição Química do Portador de Genes com Base em Gráficos através do Processo de Montagem de Multicomponentes Ugi

Aram Rezaei, Omid Akhavan, Ehsan Hashemi, Mehdi Shamsara

Cite isto: Biomacromolecules 2016, 8 de Agosto de 2016

https://doi.org/10.1021/acs.biomac.6b00767

"Os materiais baseados em grafismo com propriedades únicas, versáteis e sintonizáveis trouxeram novas oportunidades para a vanguarda da nano-biotecnologia avançada. A este respeito, a utilização do grafeno em aplicações de fornecimento de genes ainda se encontra numa fase inicial. Neste estudo, concebemos com sucesso um novo complexo de carboxilato-grafeno (G-COOH) com brometo de etídio (EtBr) e utilizámo-lo como nano-vector para o fornecimento eficiente de genes às células AGS. O G-COOH, com funções carboxil na sua superfície, na presença de EtBr, formaldeído, e ciclo-hexilisocianida participaram na reacção de quatro componentes de Ugi para fabricar um composto estável de grafeno-EtBr (AG-EtBr) anfifílico. A reacção de acoplamento foi confirmada por outras análises com FT-IR, AFM, UV-vis, Raman, foto-luminescência, EDS, e XPS. O nanocomposto AG-EtBr foi capaz de interagir com um DNA plasmídeo (pDNA).

 Este nano-composto foi aplicado para a transfecção de células de mamíferos cultivados com sucesso. Os compósitos AG-EtBr mostraram uma notável diminuição da citotoxicidade em comparação com o EtBr. As vantagens do AG-EtBr na transfecção de células são mais dramáticas (3 vezes superiores) do que Lipofectamina2000 como vector comercial não viral. Tanto quanto sabemos, este é o primeiro relatório em que o EtBr é utilizado como agente de intercalação juntamente com o grafeno para servir como um novo veículo para aplicação de entrega de genes".

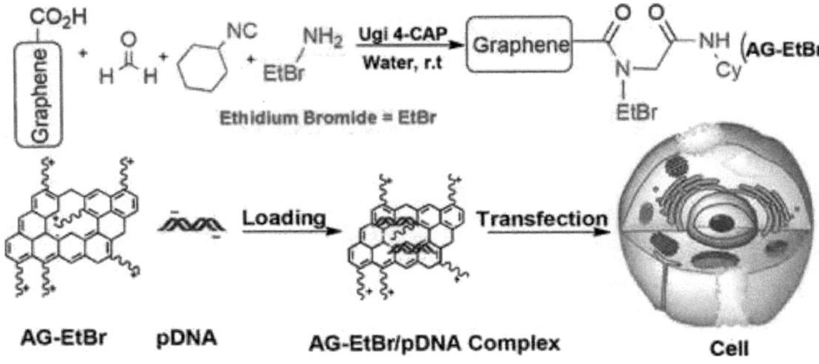

Fig n 1

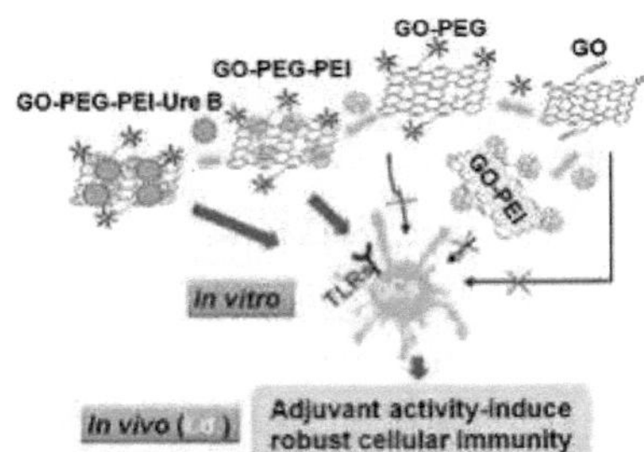

Fig n 2

Propriedades antibacterianas dos nano-materiais à base de grafeno: Ênfase nos Mecanismos Moleculares, Engenharia de Superfícies e Tamanho das Chapas

Hazhir Tashan, Kianoush Khosravi-Darani, Fatemeh Yazdian, Meisam Omidi, Mojgan Sheikhpour, Masoumeh Farahani e Abdelwahab Omri

Volume 16, Edição 2, 2019 DOI: 10.2174/1570193X15666180712120309

"Materiais com base em grafismo têm sido utilizados em diferentes campos da medicina, tais como terapia térmica, administração de medicamentos e terapia do cancro. A prevalência da MDR multirresistência bacteriana tem atraído a atenção mundial. Há uma tendência crescente para a utilização de nanomateriais, especialmente da família do grafeno, para superar este problema. Até à data, nenhum mecanismo específico para a actividade antibacteriana da família das grafenas tem sido relatado. Esta revisão discute brevemente as propriedades físico-químicas dos nanomateriais de grafeno com enfoque nos diferentes mecanismos antibacterianos, engenharia de superfícies e tamanho das nanopartículas para proporcionar uma melhor visão para investigação e desenvolvimento futuros".

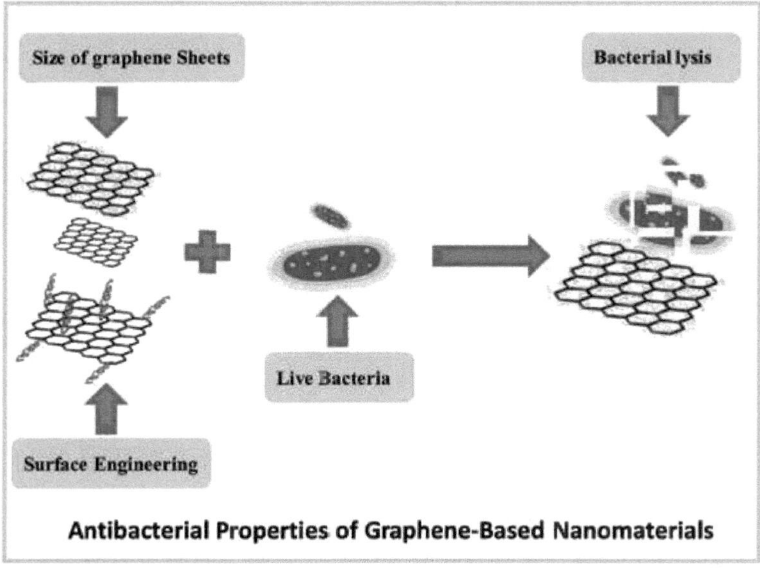

Fig. n 3

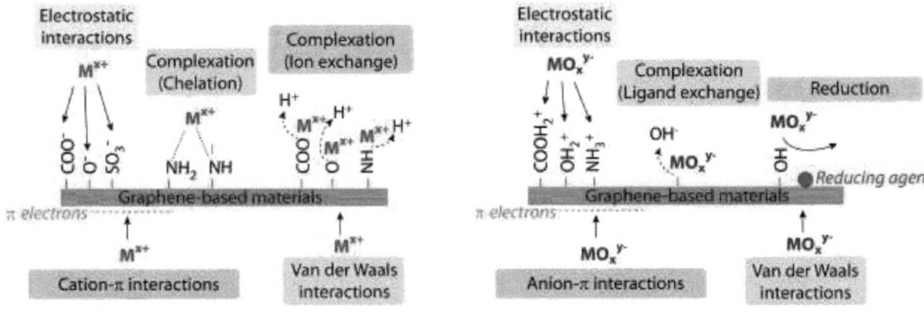

Fig n 4 de Advances in Colloid and Interface Science Volume 289, Março 2021, 102360

Perspectiva Histórica

Materiais à base de grafite para a remoção por adsorção de poluentes da água e mecanismo de interacção subjacente

Jingyi Wanga, Jiawen Zhanga, Linbo Hanb, J. Wangc ,Liping Zhud, Hongbo Zenga

Artigo

17 de Fevereiro de 2020

P.E.G.ylated nano-graphene oxide as a nanocarrier para o fornecimento de drogas anticancerígenas mistas para melhorar a actividade anticancerígena

Xibo Pei, Zhou Zhu, Zhoujie Gan, Junyu Chen, Xin Zhang, Xinting Cheng, Qianbing Wan & Jian Wang

Repo Científico

"Devido à sua elevada área de superfície específica, as nanopartículas de óxido de grafeno GO e de óxido de grafeno à base de nano partículas têm um grande potencial tanto na administração de

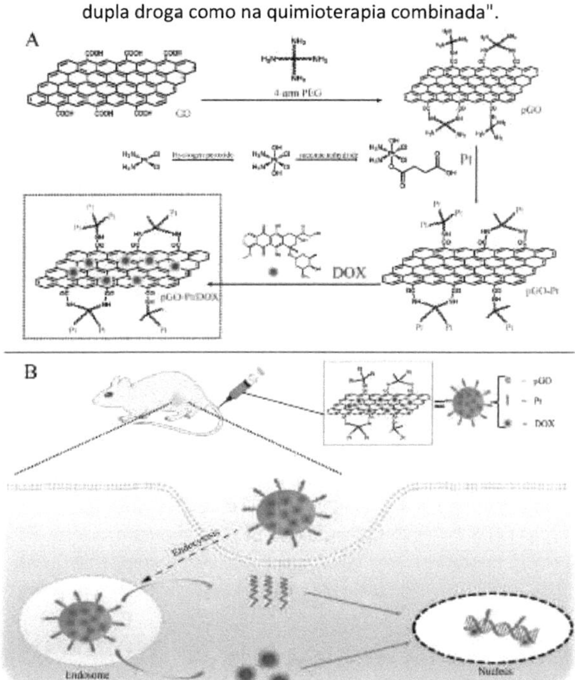

Fig n . 5 Ilustração esquemática da co-entrega de Pt e DOX por P.E.G.ylated nano-graphene oxide for improving anticancer activity. (A) A síntese do sistema de entrega dupla de pGO-Pt/DOX, que incluiu a etapa de funcionalização covalente por P.E.G. formando a partícula nano de pGO, seguida de funcionalização covalente por Pt e funcionalização não covalente por DOX. (B) Ilustração esquemática da partícula nano do pGO-Pt/DOX alvo do tumor para atingir eficácia anticancerígena superior, gerando lesões de ADN (Pt) e prevenindo a replicação de ADN (DOX).

Nat Commun. 2017

2017 Fev 24. doi: 10.1038/ncomms14537

P.E.G.ylated graphene oxide elicits strong immunological responses despite surface passivation

Nana Luo, Jeffrey K. Weber,S. Wang, Binquan Luan, Hua Yue, Xiaobo Xi, Jing Du, Zaixing Yang,We Wei, Ruhong Zhou,e Guanghui Mac

"Pré-requisitos importantes para tais aplicações biomédicas envolvem o estabelecimento da estabilidade in vivo e biocompatibilidade dos nano materiais em questão a passivação superficial é amplamente considerada como um amortecedor eficaz de crosstalk na interface bio-nano, melhorando a estabilidade dos nano materiais e a biocompatibilidade e contornando a internalização e activação dos macrófagos. Os nossos trabalhos de investigação demonstraram que a P.E.G.ylation dos nano-materiais 2D é menos passivante do que se acreditava anteriormente. Embora estável, biocompatível e não-internado, o nGO-P.E.G. ainda foi capaz de activar os macrófagos, desencadeando uma potente libertação de citocinas. Suspeita-se que a elevada área de superfície disponível do nGO-P.E.G. para as interacções de membrana - representativa de todos os nano materiais 2D - dita efeitos estimulantes nas células em questão. As simulações apresentadas na Fig. 5 apoiam esta afirmação: nGOs face-a-face e nGO-P.E.G.s imediatamente ligados à superfície da membrana e não mostraram sinais de dessorção. Embora não seja possível estimar cinética de ligação quantitativa a partir destas trajectórias de simulação, as energias de interacção total após absorção face-a-face favorecem o nGO-P.E.G. por um factor aproximado de 2. Surge um fenómeno interessante que explica este excesso de energia de interacção nGO-P.E.G.: após o contacto inicial face-a-face, os loops e os terminais das cadeias de P.E.G. desorbizam para formar 'âncoras' transitórias que penetram na camada lipídica. Não seria de esperar que estas âncoras de cadeia única comprometessem a integridade da membrana; a área de superfície adicional e as moléculas polares disponibilizadas pelas moléculas salientes de P.E.G. aumentam as interacções electrostáticas e van der Waals com a membrana . De facto, em comparação com a nGO pura, esta energia de interacção aumentada está correlacionada com a ligação espacialmente mais apertada entre a nGO-P.E.G. e a membrana".

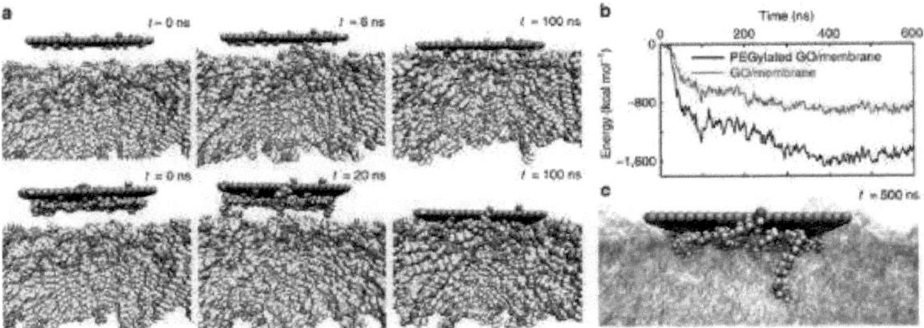

Fig n 6 Simulação das interacções nGO- e nGO-P.E.G.-membrana a partir de configurações side-on. a) Instantâneos representativos do processo de adsorção- membrana. (b) Energias de interacção total entre nGOs prístinos e P.E.G.ylated e o bilayer lipídico. (c) Ilustração de eventos de dessorção P.E.G. que levam ao enterro de âncoras de P.E.G. na membrana, eventos que aumentam ainda mais as energias de adsorção nGO-P.E.G./membrana.

Teranóstico. 2017

2017 Fev 27. doi: 10.7150/thno.17841

Entrega de SiRNA com P.E.G.ylated Graphene Oxide Nanosheets for Combined Photothermal and Genetherapy for Pancreatic Cancer

Feng Yin, Kuan Hu, Yangzi Chen, M. Yu, D. Wang, Qianqian Wang, Ken-Tye Yong, Fei Lu, Yongye Liang,e Zigang Li

"Até à data, a funcionalidade -GO tem sido aplicada para a entrega do siRNA de forma extensiva. Não há nano-drogas específicas anti-câncer pancreático que tenham utilizado GO como um nano transportador de entrega de siRNA in vivo. Este trabalho de estudo é o primeiro relatório de GO funcionalizado com FA/P.E.G. para co-entrega de HDAC1 e K-Ras siRNA para terapia do cancro do pâncreas in vivo, que mostrou melhor bio-compatibilidade e estabilidade na solução".

Da revista: Físico-Química Física Química

Polietilenoglicol estabilizado com óxido de grafite para armazenamento de calor

Chongyun Wang, Lili Feng, H. Yang, Gongbiao Xin, Wei Li, Jie Zheng, Wenhuai Tian , Xingguo Li

2012

"Foram introduzidas folhas de óxido de grafite (G.O.) para estabilizar o polietilenoglicol fundido (P.E.G.) durante o processo de mudança de fase sólido-líquido, que pode ser utilizado como um sistema inteligente de armazenamento de calor. As propriedades estruturais e os comportamentos de mudança de fase dos compósitos P.E.G.-GO foram exaustivamente investigados em função do conteúdo de P.E.G. por meio de várias técnicas de caracterização. O maior conteúdo de P.E.G.-GO estabilizado é de 90 wt% nos compósitos, resultando numa capacidade de armazenamento de calor de 156,9 J g-1, 93,9% da entalpia de mudança de fase de P.E.G. puro. G.O. tem um impacto muito mais forte na redução da temperatura de mudança de fase de P.E.G. em comparação com alguns outros materiais de carbono poroso (carvão activado e carbono mesoporoso encomendado), devido à estrutura única de camada fina de GO. Devido à alta capacidade de armazenamento de calor e à temperatura de mudança de fase moderada, o composto P.E.G.-GO é um promissor candidato ao armazenamento de energia térmica a temperatura moderada".

Edição 38, 2013

Da revista:

Journal of Materials Chemistry

Grafeno/Au compósitos altamente dispersíveis P.E.G.ylated como vector de fornecimento de genes e potencial agente terapêutico do cancro

Fang-Fang Cheng, W.Chen, Li-Hui Hu, G.Chen, Hai-Tao Miao, Chenzhong Lic , Jun-Jie Zhu

"Compostos grafenos/Au com uma carga positiva elevada, vantajosa para a ligação e condensação de siRNA com carga negativa, são sintetizados através de um método de redução in situ, utilizando o PEI como redutor e reagente protector. Devido às quantidades suficientes de grupos aminados, os compostos grafeno-Au produzidos com PEI podem ser ainda mais modificados com metoxil-P.E.G. para adquirir baixa toxicidade de cito, nova compatibilidade sanguínea, e óptima dispersibilidade em ambientes fisiológicos. Os compostos P.E.G.ylated PEI-grafted graphene/Au (PPGA) obtidos permitem uma carga eficiente de siRNA, formando complexos PPGA/siRNA para transportar em células HL-60 e proteína Bcl-2 anti-apoptose regulada para baixo, indicando que o PPGA é uma plataforma adequada para o fornecimento de genes. PPGA apresenta uma foto-resposta térmica melhorada em relação ao PPG sob irradiação laser NIR, o que sugere que PPGA pode ser utilizado como um agente fototérmico eficiente".

Edição 6, 2013

Da revista:Journal of Materials Chemistry

P.E.G.ylated óxido de grafeno reduzido como um sistema superior de entrega de ssRNA

Liming Zhang, Zunliang Wang, Z. Lu, He Shen, Jie Huang, Qinghuan Zhao, Min Liu,a Nongyue He e Zhijun Zhang

"O ácido ribonucleico isolado (ssRNA) funciona como uma sonda, antisense (AS), análogo e inibidor do miRNA, e é promissor para a terapia genética e o diagnóstico molecular. O ssRNA livre apresenta fraca absorção celular devido às suas cargas negativas, e instabilidade enzimática, o que tem limitado em grande parte as aplicações práticas do ssRNA na biomedicina. Desenvolvemos um nano-vector P.E.G.ylated reduced graphene oxide (P.E.G.-RGO) para uma entrega eficiente do ssRNA. Demonstrámos que o P.E.G.-RGO apresenta uma capacidade superior de carga e entrega de ssRNA, em comparação com o amplamente estudado óxido de grafeno ylate (P.E.G.-GO). A simulação computacional sugeriu ainda que P.E.G.-RGO liga ssRNA muito mais forte do que P.E.G.-GO, consistente com os resultados experimentais. Estes resultados de investigação terão implicações na concepção de sistemas ssRNA bio-compatíveis e eficientes baseados no RGO".

Situação actual e perspectivas futuras sobre o fabrico de medicamentos MR.N.A.

Cameron Webb

Mais por Cameron Webb, Shell Ip, Nuthan V. Bathula, P.Popova, Shekinah K. V. Soriano, Han Han Ly, Burcu Eryilmaz, Viet Anh Nguyen Huu, Richard Broadhead, M. Rabel, Ian Villamagna, Suraj Abraham, Vahid Raeesi, Anitha Thomas, S. Clarke, Euan C. Ramsay, Y. Perrie, e A. K. Blakney

Mol. Pharmaceutics 2022 3 de Março de 2022 https://doi.org/10.1021/acs.molpharmaceut.2c00010

" A purificação do mR.N.A. DS é vital para se conseguir mR.N.A. biologicamente activo e terapeuticamente administrável. O mR.N.A. produzido à escala laboratorial pode ser purificado usando DNases para remover o ADN e subsequentemente isolado por precipitação de cloreto de lítio. É necessário empregar várias etapas sofisticadas de DSP para purificar mR.N.A. de grau clínico em grande escala. A cromatografia é considerada um método padrão de DSP utilizado pela indústria biofarmacêutica para processos de purificação e é amplamente aceite pela sua fácil adaptabilidade, escalabilidade, e viabilidade económica. A cromatografia de exclusão de tamanho (SEC) também oferece uma robusta purificação de mR.N.A.; é confinada pela sua incapacidade de separar RNA de tamanho semelhante.

Do mesmo modo, a cromatografia de troca iónica, a cromatografia de afinidade, e a cromatografia de par iónico de fase inversa facilitam a purificação eficiente do ARN em grande escala com maior rendimento. A filtragem de fluxo tangencial (TFF) ajuda a remover contaminantes mais pequenos e concentra a DS, juntamente com reacções de precipitação, facilitando a purificação expeditiva de mR.N.A.. O custo e eficiência do DSP são altamente dependentes do processo de purificação específico do produto, concebido pelo fabricante individual".

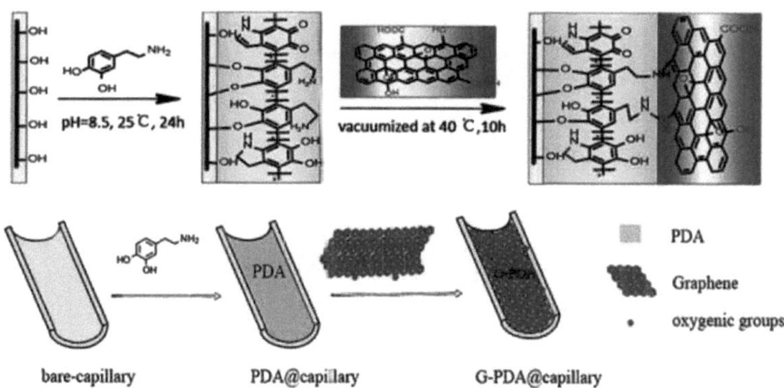

Fig. n 7 de TrAC Trends in Analytical Chemistry Volume 98, Janeiro 2018, Páginas 149-160

Tendências da TrAC em Química Analítica A aplicação de materiais baseados em grafismo como fases estacionárias cromatográficas

Xiaojing Lianga Xiudan Houab James H.M.Chanc Yong Guoa Emily F.Hilderc

Journal of Chromatography & Separation Techniques

Mini Revisão - (2018)

Materiais com Base em Gráficos Utilizados em Fase Estacionária para Cromatografia: Uma Mini Revisão

Yang L, G.Xiao T, Yang J, Xu Z Qin M

"O Graphene tem fascinado a comunidade de investigadores científicos desde a sua descoberta. É uma folha bidimensional de carbono hibridizado sp2. Tem recebido a atenção de muitos investigadores devido às suas extraordinárias propriedades

(grande superfície, π-estrutura rica em electrões, e boa estabilidade térmica e química) . Estas propriedades notáveis tornam o grafeno um material candidato ideal para aplicações de química analítica. O grafeno e os materiais à base de grafeno têm sido amplamente utilizados na química analítica, tais como preparação de amostras, análise electroquímica, análise fotoquímica, extracção, detecção química e assim por diante. Todos os tipos de cromatografia, tais como Cromatografia Gasosa , Cromatografia Líquida são versáteis, separações poderosas e técnicas de análise em química analítica. As colunas/fases estacionárias são consideradas o "coração" do cromatógrafo e são responsáveis pelo processo de separação ".

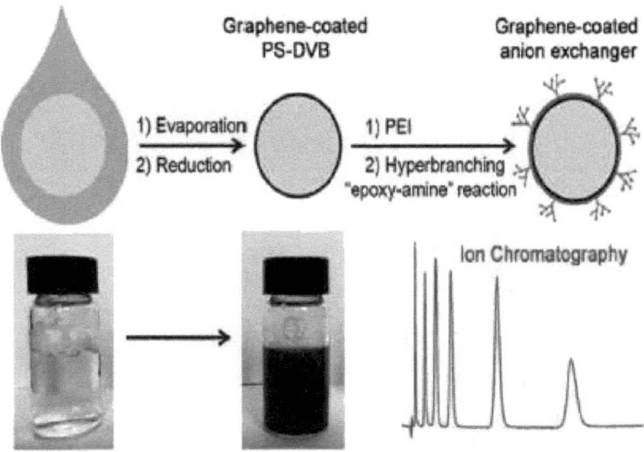

Figure 4: Schematic diagram of fabrication course of graphene-coated polymeric column and used for ion chromatography analysis [20].

Fig. 8 As partículas revestidas de grafite foram fabricadas por um método de redução de evaporação fácil. O permutador de aniões polimérico revestido de grafite - coluna foi embalado por partículas revestidas de grafite em coluna de aço inoxidável

RNA. 2010 Mar

doi: 10.1261/rna.1862210

Purificação rápida e sem desnaturalização do ARN utilizando a cromatografia líquida de desempenho rápido com troca de ânions fraca

L. E. Easton, Y.Shibata, P. J. Lukavsky

"Apresentamos um método simples e rápido para a purificação em grande escala de oligonucleótidos de ARN adequados para estudos bioquímicos e estruturais. Os RNAs são transcritos in vitro com RNA polimerase T7 utilizando modelos de DNA plasmídeo linearizado. Após a adição do E.D.T A., a reacção de transcrição bruta é submetida directamente a uma fraca cromatografia de troca de aniões utilizando DEAE-sepharose para separar a RNA polimerase T7, rNTPs não incorporados, pequenas transcrições abortivas, e o modelo de ADN plasmídeo do produto de RNA desejado. O novo método não requer a tediosa extracção do fenol/clorofórmio da RNA polimerase T7 nem a desnaturação do RNA, o que é desejável especialmente para RNAs maiores. Os rNTPs rotulados isotópicamente podem ser facilmente reciclados do fluxo da coluna e os agregados oligoméricos de RNA podem ser separados do produto monomérico de RNA dobrado nativamente".

Permutadores de aniões poliméricos revestidos de grafite para cromatografia iónica

Kai Zhanga ,Minyi Caoa, C. Loua ,Shuchao Wub, Peimin Zhanga, Mingyu Zhic ,Yan Zhua

Analytica Chimica Acta

Junho 2017

"As fases estacionárias carbonaceas ganharam muita atenção pela sua peculiar selectividade e robustez. Aqui relatamos a fabricação e aplicação de uma fase estacionária polimérica revestida de grafite para cromatografia de troca de an ões. As partículas revestidas de grafite foram fabricadas por um método de evaporação-redução fácil. Estas partículas hidrofílicas foram comprovadamente substratos apropriados para a enxertia de polímeros de condensação hiperbranqueados (HBCPs) para fazer permutadores de aniões peliculares. A nova fase foi caracterizada por zeta -potenciais, espectroscopia de infravermelho transformado de Fourier, termogravimetria e microscópio electrónico de varrimento. A cromatografia de deslocamento frontal mostrou que as capacidades dos permutadores de aniões eram afinadas tanto pela quantidade de grafeno como pela contagem de camadas de HBCPs. O desempenho cromatográfico dos permutadores de aniões revestidos de grafite foi demonstrado com a separação de aniões inorgânicos, ácidos orgânicos, hidratos de carbono e aminoácidos. A boa reprodutibilidade foi obtida por injecções consecutivas, indicando uma elevada estabilidade química do revestimento".

Palmieri V, Di Pietro L, Perini G, Barba M, Parolini O, De Spirito M, Lattanzi W e Papi M (2020)

Nanoconcentradores de Óxido de Grafite Modulam Selectivamente o RNA de acordo com os cátions metálicos

em Solução.

Frente. Bioeng. Biotecnol.

doi: 10.3389/fbioe.2020.00421

"Com os últimos avanços recentes na nanotecnologia, os materiais nano estão a ser traduzidos para aplicações nos campos da biosensing, medicina e diagnóstico, com um poder sem precedentes . Neste artigo, exploramos as características únicas da superfície do G.O. bidimensional e a sua capacidade de armadilhagem na presença de iões CA/MG para criar um método para concentrar selectivamente o RNA/ pequenos RNAs totais em solução. A principal vantagem da utilização de GO em comparação com outras nanopartículas para aplicação relacionada com ácido nucleico é a sua relação superfície/volume.

Os nano materiais unidimensionais possuem de facto uma elevada relação superfície/volume, o que proporciona uma grande área de superfície activa para as interacções com os ácidos nucleicos, o que favorece fortemente a adsorção das moléculas e conduz, em última análise, a uma melhor sensibilidade.

Os derivados de grafeno têm também propriedades térmicas, ópticas e electrónicas excepcionais que permitem a fácil construção de dispositivos sensores. Demonstrámos a viabilidade da aplicação de nanotecnologias baseadas em G.O para uma separação altamente sensível do ARN -espécie com base no tamanho. Em particular, demonstrámos que G.O pode enriquecer os pequenos RNAs".

de soluções complexas de RNA e como separar facilmente as ssNAs da superfície GO".

Vacina. 2021 Abr 15

 doi: 10.1016/j.vaccine.2021.03.038

fabrico de vacinas mR.N.A: Desafios e estrangulamentos

S. Sousa Rosa, Duarte M.F. Prazeres, Ana M. Azevedo, Marco P.C. Marquesb

"A crescente procura de vacinas mR.N.A. requer uma plataforma tecnológica e um processo de fabrico rentável com uma caracterização bem definida do produto. A **produção em grande escala ce vacinas mR.N.A. consiste numa reacção in vitro de 1 ou 2 etapas, seguida de uma plataforma de purificação com múltiplas etapas que podem incluir a digestão de Dnase, precipitação, cromatografia ou filtração tangencial de fluxo.**

O mR.N.A. é produzido num sistema sem células e não utiliza matérias-primas derivadas de animais. As impurezas derivadas de células ou contaminações adventícias estão assim ausentes, o que torna c fabrico destas moléculas mais seguro. Embora vários kits comerciais estejam disponíveis para produzir mR.N.A. para estudos pré-clínicos à escala laboratorial, os seus custos são elevados . **A geração de mR.N.A. por IVT em grande escala e sob** as **actuais** condições de **boas práticas de fabrico (cGMP)** é também um desafio. Os componentes especializados da reacção IVT devem ser adquiridos a fornecedores certificados que garantam que todo o material é isento de componentes animais e de qualidade GMP. A disponibilidade de grandes quantidades destes materiais é limitada e os custos de aquisição são elevados. Isto é verdade, por exemplo, no caso das enzimas utilizadas para tradução e nivelamento. **Uma vez que o mR.N.A. é gerado por IVT, deve ser isolado e purificado a partir da mistura de reacção, utilizando múltiplas etapas de purificação para alcançar padrões de pureza clínica** . A mistura de reacção contém não só o produto desejado, mas também um número de impurezas, que inclui enzimas, NTPs residuais e modelo de ADN, e mR.N.A.s aberrantes formados durante a IVT. Os métodos tradicionais de purificação à escala laboratorial baseiam-se na remoção do ADN por digestão do ADN seguido de precipitação de cloreto de lítio (LiCl). Estes métodos rão permitem a remoção de espécies aberrantes de m-RNA como o dsRNA e fragmentos truncados de RNA. A remoção destas impurezas relacionadas com o produto é crucial para o desempenho do mR.N.A., uma vez que reduzem a eficiência da tradução e modificam o perfil imuno-estimulador. Por exemplo, foi observado um aumento de 10-1000 vezes na produção de proteínas quando o mR.N.A. modificado de nucleósidos foi purificado por HPLC de fase reversa antes da entrega em DC primária. A cromatografia é um processo de purificação de grande aceitação na indústria farmacêutica. A sua grande popularidade deriva de vários atributos tais como selectividade, versatilidade, escalabilidade e relação custo-eficácia. **O primeiro protocolo publicado para a purificação em grande escala de oligonucleótidos de RNA produzidos sinteticamente utilizou a cromatografia de exclusão de tamanho (SEC) em modo de fluxo de gravidade para separar as moléculas de acordo com o tamanho. Foram realizados mais estudos aplicando a Cromatografia líquida de desempenho rápido (SEC). Estas técnicas permitiram um processo preparativo de purificação em escala alcançando alta pureza e altos rendimentos O SEC apresenta limitações, uma vez que não é capaz de remover impurezas de tamanho semelhante, tais como o dsDNA.**

A utilização de cromatografia em fase inversa de pares de iões (IPC) provou ser um excelente método para a purificação de mR.N.A. . No IPC, a espinha dorsal dos nucleótidos de oligo carregados negativamente de açúcar-fosfato emparelhar-se-á com os compostos quaternários de amónio QUATS presentes na fase móvel para se tornar lipofílica e depois interagir com a fase estacionária de uma coluna de cromatografia em fase reversa. A eluição é então realizada com um gradiente de um solvente adequado, (por exemplo, acetonitrilo). Usando esta abordagem, **as impurezas do dsRNA são efectivamente removidas, mantendo o elevado rendimento do processo.** O IPC é desafiante e dispendioso de escalar, e a utilização de reagentes tóxicos como o acetonitrilo, não é desejável. Foi descrito um novo processo cromatográfico à base de celulose para a remoção do dsRNA, que alavanca a capacidade do dsRNA de se ligar à celulose na presença de etanol (ETOH) . Este método relatou um rendimento de mR.N.A. superior a 65% com uma remoção de dsRNA superior a 90%. Ainda assim, a remoção de outras impurezas não foi abordada, pelo que a introdução de etapas de pré-purificação é provável que seja necessária.

A cromatografia de troca iónica (IEC) também pode ser utilizada para purificar mR.N.A. em grande escala. Esta técnica explora a diferença de carga entre as espécies-alvo de mR.N.A. e as diferentes impurezas. Por exemplo, a cromatografia de troca aniónica fraca foi **implementada com sucesso para separar as impurezas mR.N.A. das impurezas IVT** . A IEC apresenta várias vantagens: é escalável e rentável; permite a separação de transcrições de ARN mais longas; e apresenta maiores capacidades de ligação (quando comparada com a IPC); esta cromatografia deve ser realizada em condições de desnaturação. Isto torna o processo mais complexo, pois requer um aquecedor de fase móvel e um controlo apertado da temperatura durante a cromatografia.

A separação baseada na afinidade é outra abordagem de purificação mR.N.A. Uma sequência única de desoxitymidina (dT) - Oligo dT - é rotineiramente utilizada para a captura de mR.N.A. em aplicações laboratoriais. Esta sequência liga-se aos caudas de poliamida presentes no mR.N.A.. As contas cromatográficas com oligo dT imobilizado poderiam assim ser utilizadas para a purificação em escala de processo utilizando a cromatografia de afinidade: as caudas de poli-A do mR.N.A. de fio simples produzidas durante a IVT ligar-se-iam à fase estacionária enquanto as impurezas são lavadas. Desta forma, os reagentes não consumidos da IVT, o modelo de ADN e o dsRNA poderiam ser eficazmente removidos. Embora produtos de alta pureza possam ser obtidos utilizando a cromatografia de afinidade, estão presentes vários inconvenientes, tais como capacidades de ligação baixas e um processo menos rentável.

A **remoção de impurezas de pequenas dimensões** também pode ser conseguida enquanto se concentram ou **diafiltram soluções** por filtração de fluxo tangencial (TFF) . A cromatografia de esferas de núcleo também pode ser utilizada para este fim. Neste caso, as pequenas impurezas ficam retidas dentro dos grânulos, e o produto ficará no fluxo através do DNase-digestão ou desnaturantes para remover moléculas de tamanho elevado tais como o modelo de ADN ou a polimerase. A remoção do ADN também pode ser conseguida utilizando a cromatografia de hidroxiapatite sem a utilização de DNase . Como etapa de polimento, a cromatografia de interacção hidrofóbica (HIC) pode ser aplicada utilizando meios de interacção conectivos monolíticos (CIM) contendo ligandos OH ou SO3 .

Estão também a ser exploradas adaptações em grande escala dos métodos tradicionais de purificação à escala laboratorial mR.N.A. A precipitação de mR.N.A. pode ser combinada com a técnica TFF . Durante a TFF, a membrana captura o produto precipitado mR.N.A. enquanto outras impurezas são removidas por dia-filtração. O produto é então eluído por re-solubilização do mR.N.A.. A remoção do modelo de ADN pode ser conseguida realizando a digestão com DNase imobilizado. Outra abordagem é utilizar um modelo de ADN marcado que pode então ser removido após IVT, utilizando a cromatografia de afinidade AC . Apesar de serem escaláveis, estes métodos apresentam uma eficácia limitada, uma vez que se concentram apenas na remoção de algumas impurezas específicas e, portanto, devem ser acoplados a outras etapas de purificação".

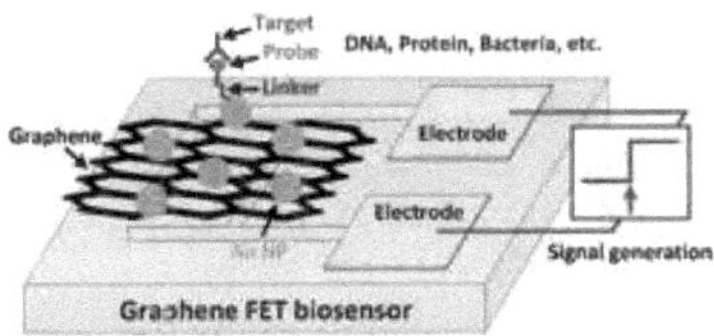

Fig n 9 biosensor de biossensores electrónicos com base em grafite

Publicado online pela Cambridge University Press: 04 de Maio 2017 Shun Mao e Junhong Chen

Em Situ Transforming RNA Nanovaccines from Polyethylenimine Functionalized Graphene Oxide Hydrogel for Durable Cancer Immunotherapy

Yue Yin, Xiaoyang Li, Haixia Ma, J. Zhang, Di Yu, Ruifang Zhao, Shengji Yu, Guangjun Nie*, e Hai Wang*

Cite isto: Nano Lett. 2021,

https://doi.org/10.1021/acs.nanolett.0c05039

"reportamos um hidrogel injectável formaco com óxido de grafeno (GO) e polietilenoimina (PEI), que pode gerar mR.N.A. (ovalbumina, um antigénio modelo) e adjuvantes (R848)- nanovacinas carregadas durante pelo menos 30 dias após a injecção subcutânea. As nanovacinas libertadas podem proteger o mR.N.A. da degradação e conferir uma capacidade de distribuição direccionaca aos gânglios linfáticos. Os dados mostram que este hidrogel transformável pode aumentar significativamente o número de células T CD8+ específicas do antigénio e subsequentemente inibir o crescimento do tumor com apenas um tratamento".

Química aberta

Uma nova plataforma de entrega Quantum Dot-Based mR.N.A.

Ya Liu, Prof. C. Zhao, Dr. Alan Sabirsh, Dr. Lilei Ye, Dr. Xiaoqiu Wu, Prof. Hongbin Lu, Prof. Johan Liu

Primeira publicação: 07 de Abril de 2021 https://doi.org/10.1002/open.202000200

"O mR.N.A. nu e não-formulado é, incapaz de atravessar a membrana celular e é susceptível de degradação. Aqui usamos pontos quânticos de grafeno (GQDs) funcionalizados com polietilenoimina (PEI) como um novo sistema de entrega de mR.N.A. Os nossos resultados mostram que estes GQDs modificados podem ser utilizados para fornecer mR.N.A. intactos e funcionais às células de hepatocarcinoma Huh-7 em doses baixas e, que os GQDs não são tóxicos, embora a toxicidade celular seja um problema para estas partículas modificadas da primeira geração".

De Shoot the Messenger: Material circular de Óxido de DNA-Grafeno Alvos mR.N.A. em Células Vivas

19 de Janeiro de 2018

Por Zoë Hearne. Sociedade Real da Química

"Uma equipa de investigadores da Universidade de Fuzhou, na China, desenvolveu um material híbrido de óxido de grafeno e ADN circularizado de cadeia única (cDNA/GO) capaz de penetrar células vivas e ligar mR.N.A." .

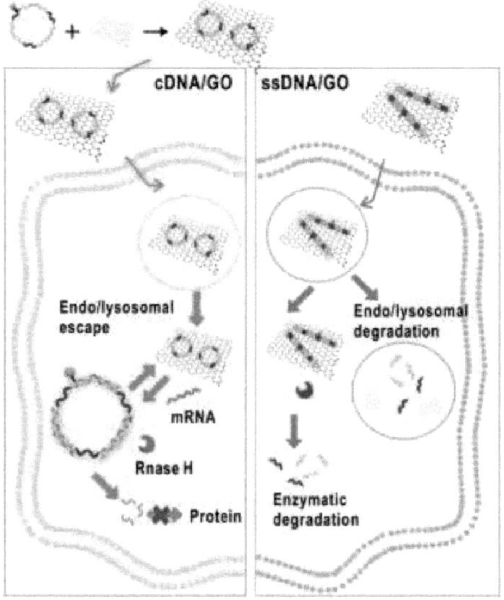

Fig n 10 de Hearne Z.

Publicado: 12 de Setembro de 2017

Ferramentas de tradução: materiais não virais para a entrega de mR.N.A. terapêutica

Khalid A. Hajj & Kathryn A. Whitehead

Nature Reviews Material volume 2

"Complexos híbridos de óxido de grafite-PEI têm sido utilizados para reprogramação celular baseada em mR.N.A.-. O óxido de grafite-PEI complexado com mR.N.A. codificando os factores de transcrição Yamanaka facilitou a geração de iPSC a partir de fibroblastos derivados de tecidos".

Volume 10, Edição 5, Outubro de 2015, Páginas 631-655

Página inicial da revista Nano Today

Revisão

O ARN como polímero estável para construir nanoestruturas controláveis e definidas para aplicações materiais e biomédicas

Hui Li Taek Lee et al

"O RNA aptamer foi covalentemente imobilizado sobre óxido de grafeno e foi construída uma nano folha de óxido de grafeno polidispersa e estável".

Do DOI: 10.1038/gt.2016.79 Universidade de Manchester

Materiais de grafeno como plataformas 2D não-virais de transferência de genes vectoriais

Mélissa Vincent, Irene de Lázaro , K. Kostarelos

Laboratório de Nanomedicina, Faculdade de Medicina

"Protecção do ácido nucleico contra a degradação enzimática. Vários estudos têm demonstrado a capacidade do GBM

para prevenir a digestão enzimática das NA. Experiências simples realizadas na presença de DNAse I mostraram

digestão completa do ADN isolado (ssDNA) após 60 minutos de incubação, sem que houvesse degradação

relatado no caso dos nanocomplexos GO:ssDNA nas mesmas condições24. Tang et al apresentaram resultados semelhantes no caso do grafeno:ssDNA constrói e confirmou as suas observações graças à análise anisotropia do ssDNA rotulado fluorescentemente.

Internalização celular. A presença de GBMs nos compartimentos intracelulares foi observada

entre outros, por Sasidharan et al graças à microscopia confocal28 e Huang e colegas de trabalho através da espectroscopia Raman de superfície melhorada. Os mecanismos subjacentes à internalização celular das GBMs continuam enigmáticos e foram propostos vários caminhos. As duas principais hipóteses de trabalho incluem a fagocitose e a endocitose mediada por clatrina, mas a possibilidade de translocação de membrana através de um "efeito perfurante" também foi revelada a partir de estudos computacionais.

Notavelmente, o efeito fototérmico devido à capacidade do grafeno para absorver a luz NIR foi sugerido para aumentar a eficiência da transfecção graças ao aquecimento induzido que localmente perturba a organização da membrana da célula do bocal lipídico, tornando-a assim mais permeável e facilitando a fuga endossómica".

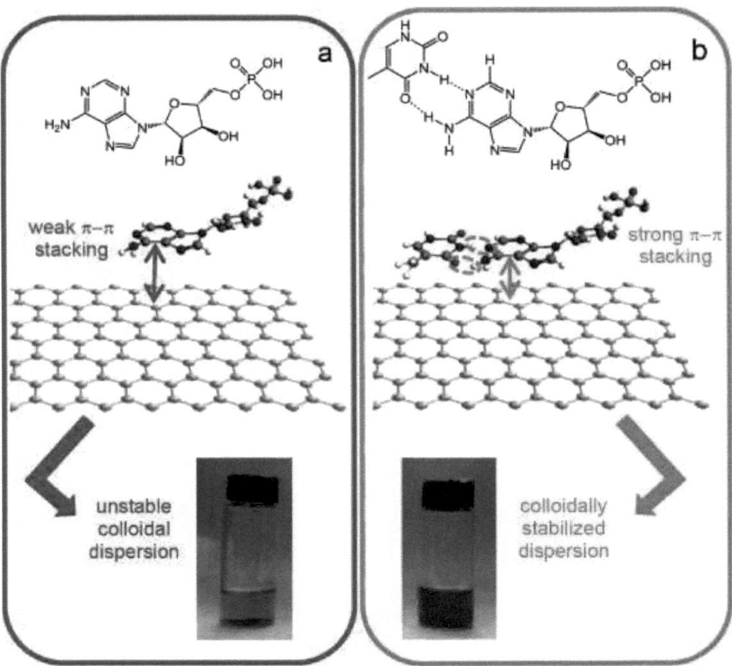

Fig n 11 formhttps://doi.org/10.1016/j.carbon.2017.12.007

Representação esquemática da interacção de (a) nucleótidos únicos e (b) combinações nucleótido-nucleobase com flocos de grafeno para dispersões coloidais aquosas. Para um único nucleótido, por exemplo, adenosina 5'-monofosfato (estrutura química dada na parte superior do painel a), uma interacção relativamente fraca com a superfície do grafeno conduz a uma estabilidade coloidal fraca dos flocos na água. Quando um

O nucleótido é combinado com a sua nucleobase complementar, por exemplo adenosina 5'monofosfato com timina (mostrado como um dímero cíclico ligado a hidrogénio na parte superior do painel b), a entidade supramolecular resultante é capaz de adsorver mais fortemente na superfície do grafeno (maior área de interacção), aumentando assim a estabilidade coloidal dos flocos em meio aquoso.

Óxido de Grafeno como Material Bifuncional para Protecção e Extracção Superior de ARN

Yuhui Liao, X.Zhou, Yu Fu, e Da Xing

Cite isto: ACS Appl. Mater. Interfaces 2018, 10, 36, 30227-30234

21 de Agosto de 2018 https://doi.org/10.1021/acsami.8b12522

"GO pode ser conjugado com contas nanomagnéticas, definidas como óxido de grafeno magnético GO, permitindo a rápida purificação e protecção do ARN contra células e tecidos animais, sangue total, bactérias e tecido vegetal. os efeitos nano-biológicos do ARN/GO total são primeiro investigados e demonstram que o ARN total pode ser abrigado na superfície de GO, resultando assim num efeito de escudo. Este efeito de escudo permite que o RNA total resista altamente à degradação do RNase e mantenha a estabilidade do RNA à temperatura ambiente até 4 dias, permitindo a descoberta de GO como o potencial nanoinibidor de RNase de próxima geração".

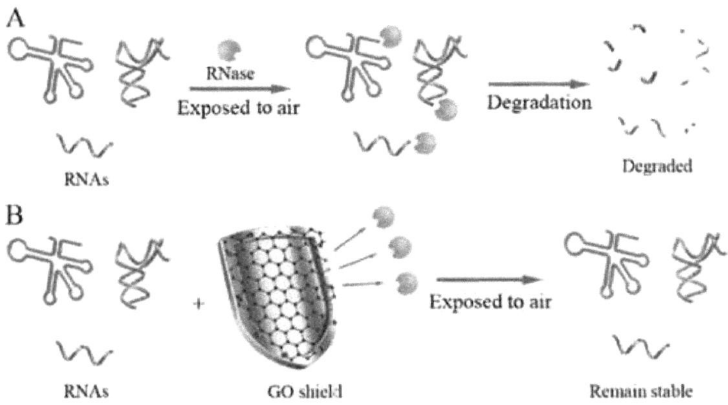

Fig. n 12 formulário https://doi.org/10.1021/acsami.8b12522

Bioeng Biotechnol frontal. 2020 Maio 25;8:421. doi: 10.3389/fbioe.2020.00421. eCollection 2020.

Nanoconcentradores de Óxido de Grafite Modulam Selectivamente o RNA de acordo com os cátions metálicos em solução

Valentina Palmieri Lorena Di Pietro , G. Perini , Marta Barba , Ornella Parolini , Marco De Spirito , Wanda Lattanzi , Massimiliano Papi DOI: 10.3389/fbioe.2020.00421

"demonstrámos que as armadilhas de óxido de grafite GO podem concentrar ácidos nucleicos na presença de cátions divalentes e que os pequenos RNAs podem ser selectivamente libertados das armadilhas de óxido de grafite GO-magnésio"

Segundo : Snitka V (2015) Materiais à base de grafeno: Oportunidades e Desafios na Nanomedicina. J Nanomed Res 2(4): 00035. DOI: 10.15406/jnmr.2015.02.0 0035

"Foi demonstrado que os derivados GO(óxido de grafite) podem melhorar a penetração do ADN de siRNA ou plasmídeo nas células protegendo o ADN da clivagem enzimática".

Formulário número 26, Setembro-Outubro 2021 Revista Graphene

https://www.2dmaterialsmag.com/issue-26-september-october-2021/

"Materiais semelhantes a grafite sintetizados a laser para a produção de grande volume de ARN sintético para o fabrico de medicamentos".

Peneiração molecular precisa e ultra-rápida através de membranas de óxido de grafeno.

R K Joshi et al.

Ciência (Nova Iorque, N.Y.), (2014-02-18)

"Os materiais à base de grafite podem ter poros nanométricos bem definidos e podem exibir um baixo fluxo de água de atrito no seu interior, tornando as suas propriedades de interesse para o processo de filtragem e separação".

do grupo de químicos do Midland para fazer uma apresentação especial na próxima semana

AIChE para acolher o presidente e CEO da Life Magnetics Inc.

Midland Daily News Oct. 8, 2021

"Kevin Hagedorn, presidente e CEO da Life Magnetics Inc., abordará o tópico da comercialização de materiais semelhantes a laser-sintetizados para a produção de grandes volumes de ARN sintético para o fabrico de medicamentos, pesticidas de ARN e aplicações de testes de diagnóstico remoto como testes de águas residuais para C.O.V.I.D.-19".

Analista

Dessorção de ácidos nucleicos de um só fio de óxido de grafeno por ruptura da ligação de hidrogénio

Joon Soo Park,a Hee-Kyung Na,b Dal-Hee Minc e Dong-Eun Kim*a

"Os RNAs celulares foram prontamente adsorvidos e eluídos com facilidade utilizando GO-MSN e ureia, respectivamente, demonstrando que GO-MSN e eluição de ureia é um método de extracção de RNA fácil".

Graphene and its Enhance Useful Applications revista indiana de investigação Volume : 4 | Edição : 4 | Abril 2015

C. L. Tumbade Dr. G. R. Dhokane

"Ultrafiltração

Outra propriedade notável do grafeno é que embora permita a passagem de água através dele, é quase completamente impermeável a líquidos e gases. Isto significa que o grafeno pode ser utilizado

como meio de ultrafiltração para actuar como uma barreira entre 2 substâncias. A vantagem de utilizar grafeno é que é apenas 1 único átomo de espessura e pode também ser desenvolvido como uma barreira que mede electronicamente a tensão e pressões entre as 2 substâncias (entre muitas outras variáveis). O grafeno é muito

mais forte e menos frágil do que o óxido de alumínio actualmente utilizado em aplicações de filtração sub-100nm".

Patente do Google US9403112B2

Estados Unidos da América

Filtros de óxido de grafeno e métodos de utilização

"As aplicações do óxido de grafeno G.O incluem a utilização em água, combustível e purificação microbiana de solventes; kits de uma só etapa para extracção rápida e purificação de ácidos nucleicos (ADN, ARN), proteínas e metabolitos celulares de células eucarióticas e procarióticas; revestimentos de superfície que inibem o crescimento e contaminação de bactérias e vírus; encapsulamento de linhas celulares e organismos de alto valor para proteger as células e aumentar o rendimento do produto. Como foi demonstrado que o óxido de grafeno G.O promove a fixação de células procarióticas e eucarióticas e melhora a fixação, diferenciação e proliferação celular, GO pode servir como revestimento para matrizes convencionais de cultura de tecidos, como aditivos de meios de cultura, e como matrizes de película de suporte livre ou estruturas porosas semelhantes a gel para o crescimento de células e tecidos. G.O óxido de grafeno também demonstrou ser prometedor no campo biomédico, uma vez que promove a fixação de drogas e agentes antimicrobianos e melhora o encapsulamento das células".

Patente Google US2013030270188A1

Estados Unidos da América

Filtro baseado em grafeno

"Filtros baseados em material bidimensional, o seu método de fabrico, e a sua utilização são divulgados. Os filtros podem incluir pelo menos 1 camada activa disposta sobre um substrato poroso. A pelo menos 1 camada activa pode incluir poros formados intrínsecos e/ou intencionalmente. Em algumas encarnações, a resistência ao fluxo do substrato poroso pode ser seleccionada para limitar o fluxo através de defeitos e poros intrínsecos na camada pelo menos 1 activa. Este pedido reivindica prioridade ao Pedido Provisório N.º 61/611,067 dos EUA, apresentado em 15 de Março de 2012, intitulado GRAPHENE BASED FILTER, que é aqui incorporado por referência na sua totalidade. Várias indústrias e aplicações, tais como purificação de água, síntese química, **purificação farmacêutica,** refinação, separação de gás natural, e muitas outras aplicações dependem da separação de membranas de energia intensiva como um componente principal dos seus processos. A necessidade de membranas com alta selectividade e fluxo tanto para as membranas de fase líquida como de fase gasosa levou a muitas melhorias nas membranas de cerâmica e de polímeros ao longo das últimas décadas. Um dos principais desafios tem sido a maximização do fluxo, mantendo simultaneamente uma elevada selectividade".

CAPÍTULO 3 Material e métodos

Com um ponto de vista observacional, é relatada alguma literatura e figura (1-17) reveladora a ser analisada.

É apresentado um projecto de hipotehesys experimental a fim de fornecer uma conclusão global relacionada com o tema deste trabalho

Todas as referências vêm de uma base de dados biomédica

CHAPTHER 4 Resultados

Da literatura :

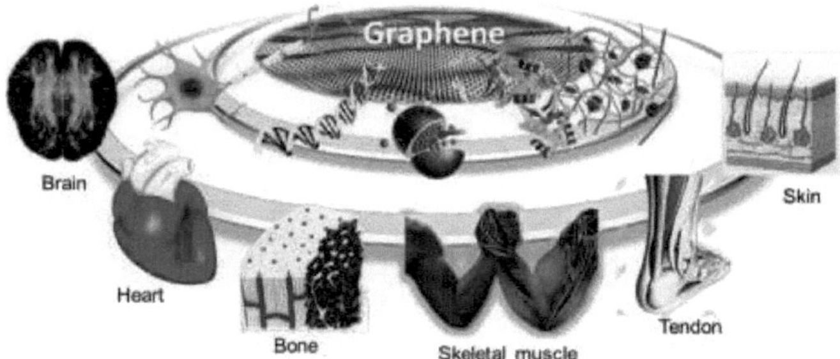

Fig. n 13 de Advanced Drug Delivery Reviews Volume 105, Parte B, 1 de Outubro de 2016, Páginas 255-274

Advanced Drug Delivery Reviews Materiais baseados em gráficos para a engenharia de tecidos Su Ryon Shin et al

Avanços recentes em Técnicas Analíticas, 2019, Vol. 4, 1-36 1

Capitulo 1

Recuperação e Purificação de (Bio)Farmacêuticos

Utilização de (Nano)Materiais

Ana P. M. Tavares, Márcia C. Neves, T. Trindade e Mara G. Freire

CICECO - Aveiro I

" As principais classes de bio-fármacos incluem proteínas recombinantes, anticorpos, e produtos derivados de ácidos nucleicos, enquanto que os produtos farmacêuticos sintéticos incluem uma grande variedade de compostos orgânicos. A purificação de (bio)produtos farmacêuticos, como parte do processamento a jusante, é realizada principalmente por processos cromatográficos, que são responsáveis pelo elevado custo terapêutico.

Há uma necessidade crucial no desenvolvimento de novos e mais eficientes processos de separação/purificação ou na melhoria dos actuais processos de base cromatográfica, visando a produção de produtos farmacêuticos de alta qualidade e a um custo mais baixo.

Entre as técnicas alternativas, foi demonstrado que as (nano)partículas inorgânicas ou orgânicas, utilizadas em abordagens de extracção em fase sólida, podem ser promissoras para a purificação de bio-fármacos.

Este capítulo fornece uma visão geral sobre os processos de separação sólido-líquido-purificação utilizados para obter produtos farmacêuticos de alta pureza e qualidade. Os principais processos de purificação são descritos e resumidos. São destacadas as áreas em que se verificou um progresso sustentável, combinado com a melhoria das características terapêuticas.

Os materiais - à base de (nano)partículas de sílica, (nano)partículas de carbono (nano-tubos de carbono, grafeno e carvão activado) e partículas magnéticas (nano)- estão aqui analisados. Com base nos resultados comunicados, a nanotecnologia pode desempenhar um papel fundamenta em futuros desenvolvimentos farmacêuticos e fabrico, onde a concepção de (nanopartículas) funcionalizadas adequadas é um factor crucial para melhorar a selectividade e para obter

altos rendimentos de purificação e recuperação de bio-fármacos.

Os biofarmacêuticos são um sector em crescimento da indústria farmacêutica. Como já foi mencionado, o fabrico biológico ou bio-farmacêutico é um processo multifacetado e complexo, compreendendo várias etapas, envolvendo sistemas de cultura celular baseados em organismos vivos de leveduras ou bactérias, matrizes de complexos biológicos, culturas de células animais e de mamíferos .

 As principais diferenças entre as drogas sintéticas e o fabrico de biofármacos transmitem a utilização de organismos vivos, o impacto do processo no produto e a complexidade das biomoléculas produzidas. Os biofármacos são produzidos por tecnologia de ADN recombinante através de células vivas geneticamente modificadas. Para este fim, é introduzida uma sequência de ADN na célula hospedeira do organismo vivo, que produz a biomolécula alvo. Nos últimos anos, tem sido observado um aumento no fabrico de biofármacos a partir de culturas de células de mamíferos sobre sistemas não-mamíferos.

A produção, purificação e recuperação de biofármacos requer uma abordagem em várias etapas, na qual deve ser utilizado um controlo de qualidade preciso e uma monitorização extensiva. Uma pequena alteração no processo ou materiais, incluindo equipamento ou instalações, pode resultar em variações significativas do perfil do produto final (mudança de conformação molecular) e, como consequência, serão necessários mais testes clínicos para

validar a segurança, eficácia / pureza do produto . É da responsabilidade do fabricante validar, junto das autoridades reguladoras, o impacto (se houver) das alterações no processo de fabrico no produto biofarmacêutico .

 Um processo biofarmacêutico tradicional de cultura celular pode ser dividido em 4 fases: i) preparação do meio/crescimento de células; ii) fermentação (a montante); iii) purificação (a jusante); e iv) formulação/entrega. Estes podem ser processados por três operações principais: lote, lote de alimentação, e perfusão. Todo o processo pode ser dividido em nove fases principais: i) sistema de linha celular; ii) cultura celular; iii) colheita;

iv) purificação; v) formulação; vi) enchimento; vii) acabamento; viii) embalagem; e ix) armazenamento. Várias operações unitárias como a cromatografia, centrifugação, ultrafiltração, flutuação e filtração são utilizadas durante todo o processo de fabrico.

O processo a montante inclui operações primeiro relacionadas com o crescimento celular num grande sistema de biorreatores (fermentador), onde a bio-molécula visada é expressa. A fermentação é desenvolvida em condições controladas, tais como pH e temperatura, e deve ser protegida do risco de contaminação por outros microrganismos. Durante o processamento a jusante, comummente designado por processo de asfixia, a bio-farmacêutica é purificada e isolada para obter o produto final. Isto é realizado através de várias etapas de purificação, incluindo filtração, cromatografia, e filtração tangencial de fluxo.

 Na operação de acabamento, o produto final é colocado no seu contentor de entrega . Todo o processo é estritamente regulamentado pela FDA, EMA e/ou outras agências reguladoras internacionais para garantir a segurança e eficácia destes medicamentos de base biológica. Os produtos biofarmacêuticos são fortemente regulamentados pelas autoridades, que exigem um controlo de qualidade intensivo a fim de cumprirem todos os regulamentos, bem como as garantias de eficácia e segurança de utilização. Amostras regulares de controlo de qualidade e de especificações de libertação final são conduzidas antes da aprovação de um determinado lote. Estas especificações são controladas tanto por abordagens quantitativas e/ou qualitativas.

A FDA e a Conferência Internacional sobre Harmonização dos Requisitos Técnicos para o Registo de Produtos Farmacêuticos para Uso Humano (ICH) aprovaram os seguintes elementos de qualidade para biofarmacêuticos: sistema de qualidade, sistema de materiais, instalações e sistema de equipamento, sistema de produção, sistema de controlo, embalagem e sistema de etiquetagem .

O grafeno é um material à base de carbono que apresenta uma estrutura hexagonal composta por átomos de carbono. O grafeno é descrito como a base de todos os materiais de carbono grafite, uma vez que é o bloco de construção das CNTs (efectivamente 'enroladas' folhas de grafeno), grafite (folhas de grafite empilhadas - folhas mantidas juntas por fortes forças van der Waals) e fullerene (enroladas em bola de grafeno com faces pentagonais e hexagonais) . O grafeno apresenta propriedades físicas e químicas semelhantes e únicas quando comparado com os CNTs, tais como alta condutividade eléctrica, alta superfície, capacidade de adsorção e estabilidade térmica . Devido à sua melhor compatibilidade e à possibilidade de controlar as características de superfície, o grafeno e os seus derivados são materiais de carbono promissores para a separação, isolamento e pré-concentração de fármacos e produtos biológicos . Devido ao grande sistema de eléctrodos delocalizados π- presentes na estrutura do grafeno, ocorrem fortes interacções com moléculas contendo anéis aromáticos, tornando-as um poderoso material para adsorção de proteínas . Desta forma, várias biomoléculas foram isoladas de matrizes complexas utilizando grafeno .

Em particular, o grafeno tem desempenhado um papel importante na separação e isolamento de proteínas de matrizes biológicas complexas.

O lis foi extraído por um quitosano magnético e um composto de guanidínio IL de óxido de grafite-funcional. A optimização das condições experimentais provou que a eficiência da adsorção foi afectada pela concentração de proteínas, quantidade de IL, valor de pH, temperatura e tempo de extracção. A quantidade máxima

de Lys extraído era 38,4 mg g-1, quando cloreto de hexabutil-guanidínio [diBOHTMG]Cl IL foi adicionado ao MCGO . Este material foi facilmente regenerado e reutilizado três vezes sem perdas significativas de eficiência na adsorção de proteínas.

Numa pesquisa adicional - trabalho, Lys foi selectivamente isolado de uma matriz complexa de clara de ovo de galinha utilizando compostos de grafeno funcionalizados, nomeadamente óxido de grafeno (GO) modificado com epicloridrina (ECH),ácido imino diacetico (IDA) e ácido 1-fenilborónico (1-PBA), e quelatado com

iões de níquel (composto GO-PBA-IDA-Ni. . Foi observada uma eficiência de adsorção de 96% (70,7 μg mg-1) para a proteína, com 90% da recuperação na etapa de dessorção . Os autores concluíram que a preparação de um filme composto de grafeno funcionalizado facilita protocolos de isolamento rápido em linha, o que constitui uma estratégia alternativa para superar a dificuldade de manipulação das nano folhas de GO tradicionais .

Num trabalho adicional, o óxido de grafeno com 3-aminopropilmetil silano, como agente de acoplamento, foi utilizado como revestimento de uma coluna capilar para a separação cromatográfica de Lys e quatro proteínas da clara de ovo. Os lis com estabilidade melhorada foram eficazmente separados de outras proteínas numa única série. O sucesso da separação das proteínas deveu-se à supressão das interacções electrostáticas pela cobertura de superfície elevada do

GO on the capillary wall. π-π interactions have also shown to play a significant role in the protein separation .

O isolamento selectivo da hemoglobina do sangue total humano, uma matriz complexa, foi conseguido na presença de nanopilhas de óxido de grafite GO imobilizadas em SiO_2 , permitindo a adsorção de 85 % (50,5 mg g-1) de hemoglobina.

80% da hemoglobina foi recuperada após a etapa de dessorção. As análises de dicrómio circulares indicaram que os compostos GO/SiO_2 não induzem alterações na conformação da hemoglobina após a etapa de adsorção/dessorção.

Recentemente, o grafeno 3D tem atraído grande interesse tanto nas áreas industriais como académicas devido às suas estruturas particulares, nomeadamente espumas de grafeno, aerogel, esponjas e redes. Em comparação com o grafeno 2D, a superfície da estrutura do grafeno 3D tem uma elevada porosidade, peso leve, elevada área de superfície e rápido transporte de massa/electrões . Devido às suas propriedades, o grafeno 3D tem um excelente desempenho e aplicações promissoras no desenvolvimento de catalisadores, absorventes, e sensores, e em aplicações biológicas e bio-médicas . A biocompatibilidade do grafeno 3D permite a sua utilização como uma nova geração de materiais para a **purificação de produtos farmacêuticos** .

A extracção selectiva de hemoglobina de uma matriz biológica de amostra complexa, sangue total humano, foi demonstrada utilizando uma estrutura de óxido de grafeno reduzido em amilopectina 3D, com uma eficiência de adsorção de 92,7% e uma capacidade máxima de adsorção de 1010 mg g-1. Numa

trabalho semelhante, o aerogel nanotubo 3D grafeno/carbono foi recentemente utilizado para o isolamento da hemoglobina . A capacidade de adsorção da hemoglobina foi aumentada para 3793 mg g-1, o que sugere o potencial do grafeno 3D para a extracção de proteínas". (1)

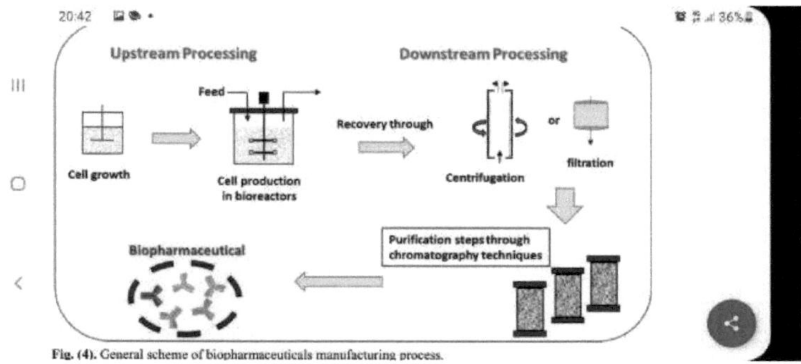

Fig n 14

Chem Asian J. **2017** Aug 4;12(15):1883-1888. doi: 10.1002/asia.201700554. Epub 2017 Jun 22.

Esferas magnéticas conjugadas de óxido de grafite para extracção de RNA

Xuan-Hung Pham , A. Baek , Tae Han Kim , Sang Hun Lee , Won-Yeop Rho , Woo-Jae Chung , Dong-Eun Kim , Bong-Hyun Jun

"Um material magnético que consiste em contas magnéticas revestidas de sílica conjugadas com óxido de grafeno (GO) foi preparado com sucesso para extracção de ácido ribonucleico fácil (RNA). Quando os grânulos magnéticos GO-modificados foram aplicados para separar o RNA da célula lisada, os RNAs celulares foram prontamente adsorvidos e prontamente dessorados da superfície dos grânulos magnéticos GO-modificados pela ureia. **A quantidade de ARN extraído pelas esferas magnéticas modificadas por GO foi ≈170 % tanto como a do controlo extraído por uma solução chaotrópica convencional à base de fenol.** Estes resultados de investigação demonstram que o método fácil de separação do RNA utilizando esferas magnéticas modificadas por GO como adsorvente é uma forma eficiente e simples de purificar RNAs celulares intactos e/ou microRNA de lisados celulares". (2)

Artigo

Nanopartículas magnéticas revestidas com polímeros e Dendrimer como suportes versáteis para catalisadores, necrófagos e reagentes

Quirin M. Kainz Oliver Reiser

Acc. Química. Res. 2014, 47, 2, 667-677 8 de Janeiro de 2014

"O trabalho das reacções químicas por técnicas-padrão é frequentemente demorado e exigente em termos energéticos, especialmente quando os químicos têm de garantir baixos níveis de contaminação metálica nos produtos. Por conseguinte, os cientistas precisam de novas ideias para purificar rapidamente misturas de reacção que sejam benignas tanto do ponto de vista económico como ambiental. Uma abordagem interessante é a de amarrar funcionalidades que são necessárias para realizar reacções orgânicas a nanopartículas magnéticas, por exemplo, catalisadores, reagentes, necrófagos, ou queladores. Esta estratégia permite aos investigadores separar rapidamente os agentes activos das misturas de reacção, explorando as propriedades magnéticas do suporte. Nesta Conta, discutimos os principais atributos dos suportes magnéticos e descrevemos como podemos tornar os diferentes nanomagnéticos acessíveis através da funcionalização da superfície.

As nanopartículas magnéticas mais proeminentes são as nanopartículas superparamagnéticas de óxido de ferro (SPION) devido aos seus constituintes biologicamente bem aceites, aos seus métodos de síntese selectiva de tamanho estabelecido e à sua aglomeração diminuída (sem atracção magnética residual na ausência de um campo magnético externo). As nanopartículas feitas de metal puro têm um nível de magnetização consideravelmente mais elevado que é útil em aplicações onde são necessárias cargas elevadas.

Algumas camadas de carbono podem proteger eficazmente tais nanopartículas de metal altamente reactivas e, igualmente importante, permitir uma fácil funcionalização covalente através da química do diazónio ou uma funcionalização não covalente através de interacções π-π. Destacamos nesta Conta as nanopartículas de cobalto (Co/C) e ferro (Fe/C) revestidas a carbono e comparamo-las com SPIONs estabilizados com surfactantes ou conchas de sílica.

O revestimento em forma de gráfico destas nanopartículas oferece apenas cargas baixas com grupos funcionais através da modificação directa da superfície, e as nanomagnets resultantes são propensas à aglomeração sem estabilização estéril eficaz. Para ultrapassar estas restrições e afinar a dispersão dos suportes magnéticos em diferentes solventes, podemos introduzir dendrimers e polímeros em plataformas de Co/C e Fe/C através de várias estratégias sintéticas. Embora os dendrimers tenham a vantagem de serem capazes de agrupar todos os grupos funcionais na superfície, os polímeros necessitam de menos etapas sintéticas e os análogos de maior peso molecular são facilmente acessíveis. Apresentamos a aplicação destes promissores materiais híbridos **para a extracção de analitos ou contaminantes de soluções aquosas complexas (ou seja, tratamentos de águas residuais ou análises de sangue), para metal, organo-, e biocatálise, e em síntese orgânica.** Descrevemos conceitos avançados como grupos magnéticos protectores, uma síntese em várias etapas aplicando unicamente reagentes magnéticos e catalizadores, e catalisadores magnéticos auto-separadores termo-responsivos. Também discutimos os primeiros exemplos da utilização de andaimes magnéticos manipulados por campos magnéticos externos em reactores de fluxo à escala laboratorial. Estes são promissores para futuras aplicações de materiais híbridos magnéticos em fluxo contínuo ou em sínteses altamente paralelas com separação magnética rápida das resinas aplicadas". (3)

Material express www.aspbs.com/mex

Efeitos de diversos métodos baseados em materiais sobre

Extracção de ADN para Clostridium difficle a partir de amostras de fezes

Ziqi Xiao, Gaojian Yang, D. Yan, Song Li, Zhu Chen, Wen Li, Yanqi Wu , Hui Chen

"A técnica baseada em esferas magnéticas é um método novo utilizado após a coluna de spin convencional, é de alto rendimento e é amplamente utilizada para a extracção de ácidos nucleicos".

Artigo

Nanopartículas magnéticas de óxido de grafite auto-montadas para detecção optomagnética de ADN

Bo Tian, Yuanyuan Han, Jeppe Fock, Mattias Strömberg, Klaus Leifer, Mikkel Fougt Hansen

Cite isto: ACS Appl. Nano Mater. 2019 5 de Março https://doi.org/10.1021/acsanm.9b00127

"Neste trabalho, é relatado um nanocomposto magnético bidimensional de óxido de nanopartículas-grafeno (MNP-GO) auto-montado para a detecção de ADN. As bobinas de ADN de cadeia única (ssDNA), geradas através de uma reacção de amplificação de círculo rolante (RCA) desencadeada pela hibridação de oligo-alvo e sondas de cadeado, têm uma forte interacção com nano-tags MNP-GO através de vários mecanismos, incluindo π-π empilhamento, ligação de hidrogénio, van der Waals, interacções electrostáticas, e hidrofóbicas.

Esta interacção leva a um aumento do tamanho hidrodinâmico ou agregação de nano tags MNP-GO, que podem ser detectados através de uma simples configuração optomagnética. Devido à anisotropia de alta forma, os nanotags MNP-GO fornecem um sinal optomagnético mais forte do que os MNPs individuais. A prevenção de sondas de ADN (sequências curtas de ssDNA como receptor de biosensagem) proporciona uma preparação mais fácil do material e um custo de medição mais baixo.

 A partir de medições em tempo real das interacções entre produtos MNP-GO e RCA amplificadas a partir de uma sequência rDNA Escherichia coli 16S altamente conservada, foi alcançado um limite de detecção de 2 pM com um tempo total de ensaio de 90 min. Embora a força de ligação não específica entre GO e ssDNA seja muito mais fraca do que a força de ligação de base específica num duplex de ADN, o método proposto fornece um limite de detecção semelhante aos bio-sensoresmagnéticos baseados em sondas de ADN, que podem ser atribuídos aos abundantes locais de ligação entre GO e ssDNA. Para concentrações alvo superiores a 100 pM, as etiquetas MNP-GO nano podem ser aplicadas para uma estratégia de detecção a olho nu qualitativa baseada na floculação de nanotag-ssDNA" (4)

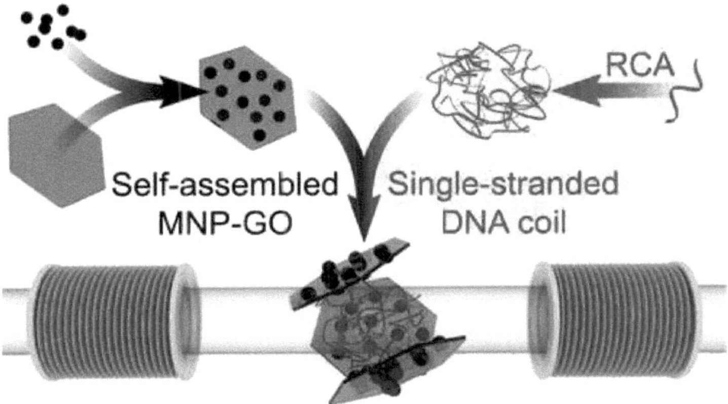

Fig n .15

Artigo

Nanoquetas de Óxido de Grafeno Biocompatíveis Densamente Funcionalizadas com Moléculas Biologicamente Ativas para Aplicações de Biosensagem

Benjamin A. E. Lehner, Dominik Benz, Stanislav A. Moshkalev, Anne S. Meyer, M. A. Cotta, Richard Janissen

Cite isto: ACS Appl. Nano Mater. 2021 Agosto 16, 2021

"O óxido de grafite (GO) tem imenso potencial para uma utilização generalizada em diversas aplicações biomédicas in vitro e in vivo devido à sua resistência térmica e química, excelentes propriedades eléctricas e solubilidade, e elevada relação superfície/volume. O desenvolvimento de nanocompósitos e biossensores biológicos baseados em GO tem sido dificultado pela sua fraca compatibilidade biológica intrínseca e pela difícil bio-funcionalização covalente através da sua rede. Muitos estudos de investigação exploram a estratégia de modificação química de GO por fixação não-vigalente e reversível de (bio)moléculas ou de bio-funcionalização covalente única de moitas residuais nas bordas da rede, resultando numa baixa cobertura de revestimento e num composto largamente bio-compatível.

Abordamos estes problemas e apresentamos um método fácil mas poderoso para a bio funcionalização covalente de GO usando colamina (CA) e o reticulado de poli(etileno-glicol) que

41

resulta numa vasta melhoria da densidade e heterogeneidade do revestimento bio molecular em toda a malha de GO. Demonstramos ainda que o nosso GO biofuncionalizado com CA como o reticulado proporciona uma supressão da adesão não específica de bio-moléculas com maior sensibilidade de detecção de biomarcadores num ensaio de bioensagem de DNA em comparação com o reticulado de (3-aminopropil)trietoxissilano. O nosso método optimizado de biofuncionalização ajudará ao desenvolvimento de aplicações in situ baseadas em GO, incluindo biossensores, nanocompósitos de tecidos, e portadores de drogas" (5)

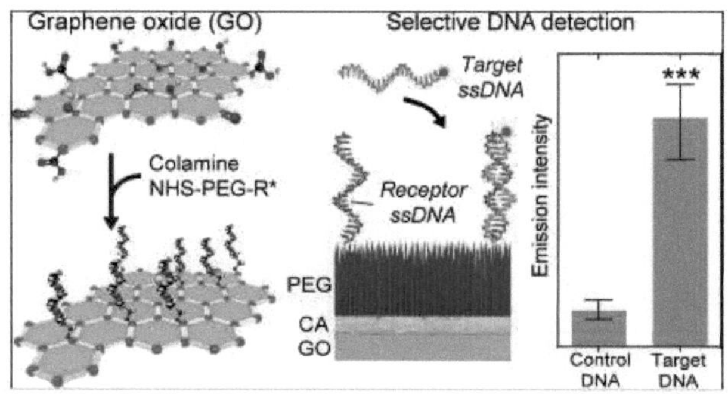

Fig n . 16 Materiais APL > Volume 8, Edição 7 > 10.1063/5.0012465

15 de Julho de 2020

Cristal líquido de óxido de grafeno 2D para aplicações no mundo real: Energia, ambiente, e editores antimicrobianos - escolha

Materiais APL 8 (2020); https://doi.org/10.1063/5.0012465

Taeyeong Yun, G. Hwa Jeong, Suchithra Padmajan Sasikala, Sang Ouk Kima

Membrana de separação

"Novas e excitantes oportunidades foram desenvolvidas na intersecção da pesquisa de separação - membrana e materiais 2D na última década. As membranas de um átomo de espessura à base de grafeno são consideradas como um candidato ideal para a peneiração molecular, mas os desafios práticos estão envolvidos com a geração de furos uniformes em nanoescala na camada única de grafeno. A descoberta do GOLC iniciou um rápido progresso nas membranas sintonizáveis baseadas em material 2D para a separação selectiva de uma grande variedade de espécies moleculares e iónicas. As aplicações prospectivas não se limitam apenas à dessalinação da água do mar, mas também incluem o tratamento de águas residuais pela remoção eficaz de metais pesados tóxicos, elementos radioactivos, e contaminantes orgânicos. As membranas GO têm potencial na separação de gases industriais, troca de tampão, diálise, e filtração não aquosa destinadas à recuperação de catalisadores, reciclagem de solventes, e baterias de fluxo redox.

A membrana multicamadas montada a partir de GOLC pode oferecer canais capilares inter-camadas 2D para a peneiração selectiva de tamanho de espécies químicas. Os iões de tamanho inferior aos canais da galeria podem fluir rapidamente através da membrana GO, em comparação com a simples difusão a granel.

Em contraste com a inevitável ampla distribuição do tamanho dos poros nas membranas poliméricas típicas, a selectividade e a exclusão do tamanho das membranas GO propõem amplas implicações em muitas aplicações. As membranas GO- com um tamanho e forma controlados de canais capilares poderiam ser obtidas através de camadas de GO- sanduíche com componentes e funcionalidades espaciais adequadas .

O inchaço de GO na água é um grande desafio para a filtração da água. Nomeadamente, vários métodos inovadores para retardar o inchaço da membrana GO foram relatados, incluindo(1) o confinamento físico com a introdução de componentes espaçadores como a epoxi, (2) redução parcial das membranas GO para diminui- os grupos funcionais hidratados, e (3) ligação covalente entre as nano folhas de GO empilhadas. Além disso, a membrana GO com funcionalidades químicas específicas pode ser utilizada para a peneiração precisa de moléculas biológicas.

De facto, as membranas GO representam a membrana da próxima geração com alto fluxo, separação rentável de iões e moléculas. O seu mecanismo exacto para o alto fluxo e selectividade exclusiva deve ser ainda mais compreendido para a formidável utilidade fiável a longo prazo nas aplicações práticas de separação.

Molecular -adsorção : GO pode absorver eficazmente metais pesados, óleos, e compostos orgânicos, tais como corantes. A capacidade de adsorção de GO é superior ao grafeno ou outros materiais de baixa dimensão, devido às suas funcionalidades de superfície hidrofílica, elevada área de superfície, e controlabilidade da distância de galeria entre camadas de GO. Notavelmente, para a adsorção de metais pesados, grupos de superfície de GO dotados de carga negativa de oxigénio para atrair electrostaticamente os catiões metálicos.

Esta capacidade é principalmente atribuíca a grupos carboxilo (-COOH), entre vários grupos funcionais de oxigénio, tais como grupos epoxi (C-O-C), hidroxilo (C-OH), e carboxilo (COOH). Mas infelizmente, sabe-se que as quantidades de grupos epoxídicos e carbonílicos (C=O) aumentam com o agente oxidante, enquanto que GO é preparado a partir de grafite. Como aumentar a densidade dos grupos carboxilo na superfície GO é a maior preocupação para a adsorção de metais pesados. Outra vantagem de GO para a adsorção molecular é a alta dispersibilidade em dissolventes hidrofílicos e modificação fácil da superfície com outros grupos funcionais. Yang et al. prepararam GO funcionalizado com lignosulfonato (LS) e polianilina (PANI) para a adsorção de iões Pb. Os grupos amino em PANI podem melhorar a capacidade de coordenação de grupos sulfónicos em cadeias LS e grupos carboxílicos em nanopilhas de GO para iões Pb.

Recentemente, a principal tendência de investigação centra-se nos efeitos de factores ambientais, tais como temperatura, pH, e concentração de metais pesados sobre a capacidade de adsorção de GO. Lamentavelmente, estudos sobre as propriedades estruturais de GO e adsorção competitiva/selectiva na presença de múltiplos metais pesados são insuficientes. A maioria dos metais pesados HM como Pb, Hg, Cd, Cr, e As são metais raros. Embora as utilizações globais dos metais raros estejam a aumentar gradualmente, a reciclagem dos mesmos tem sido considerada de forma insignificante. A montagem estrutural de GO pode facilitar as estruturas hierárquicas com tamanho de poro único, distância entre camadas, e grupos funcionais desejáveis em GO. Isto é altamente exigido para reciclar esses metais raros através de adsorção/dessorção competitiva e selectiva de metais pesados do distinto sistema de captura baseado em GO". (6)

No artigo

Partículas magnéticas para purificação, amplificação e detecção integradas de ácido nucleico sem pipetagem

Yanju Chen, Yang Liu, H. Chen 6 de Maio de 2020

Tendências da Biologia em Química Analítica

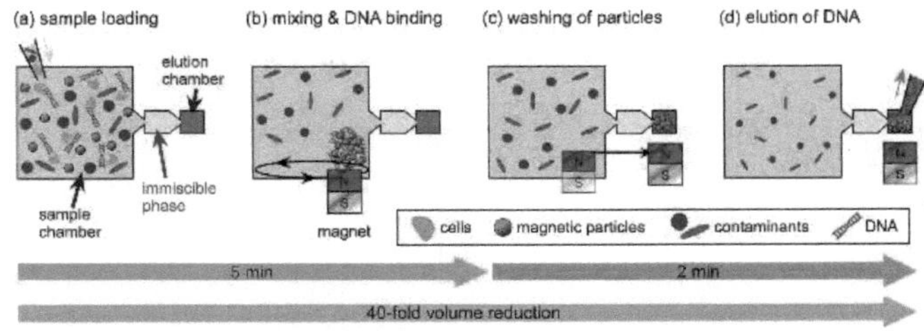

Fig. n 17 Esquema do processo de extracção de ADN, mostrando (a) carregamento da amostra e lise celular, (b) mistura de PMPs com a amostra para ligação do ADN, (c) transferência de PMPs através da fase imiscível para lavagem, e (d) eluição de ADN dos PMPs seguida de recolha para análise off-chip. O desenho foi posteriormente alterado para incluir 2 câmaras extra a jusante para lavagem adicional

artigo

Frente. Bioeng. Biotechnol., 25 de Maio de 2020

Sec. Nanobiotecnologia

Nanomateriais 2D de Biointerfacing e Heterostruturas de Engenharia

Nanoconcentradores de Óxido de Grafite Modulam Selectivamente o RNA de acordo com os cátions metálicos em solução

V. Palmieri, L. Di Pietro, G. Perini, M. Barba, O. Parolini, M. De Spirito,W. Lattanzi , M. Papi

"Com os recentes avanços na nanotecnologia, os nanomateriais grafenos estão a ser traduzidos para aplicações nos campos da biosensagem, medicina e diagnóstico, com um poder sem precedentes. O grafeno é uma alotrópola de carbono derivada da esfoliação de grafite, feita de uma mistura extremamente fina de carbonos hibridizados sp2. Em comparação com os materiais a granel, o

44

grafeno e o seu derivado hidrossolúvel óxido de grafeno têm um tamanho mais pequeno adecuado para a miniaturização de plataformas de diagnóstico, bem como uma área de superfície elevada e, consequentemente, o carregamento de um grande número de sondas biológicas.

Neste trabalho, propomos um método nano tecnológico para concentrar a solução total de RNA e/ou enriquecer pequenas moléculas de RNA. Com este objectivo, explorámos os efeitos de armadilha únicos dos nano-flocos GO na presença de cátions divalentes (ou seja, cálcio e magnesio) que os tornam floculados e precipitados, formando malhas complexas que são carregadas positivamente. Demonstrámos que as armadilhas GO podem concentrar ácidos nucleicos na presença de catiões divalentes e que os pequenos RNAs podem ser selectivamente libertados das armadilhas GO-magnésio. Os nanoconcentradores GO permitirão um melhor desempenho analítico com amostras disponíveis em pequenas quantidades e aumentarão a sensibilidade das plataformas de sequenciação através de uma curta selecção de RNA.

Com os avanços na sequenciação da próxima geração, o transcriptoma humano foi decifrado e as funções reguladoras de uma grande fracção de pequenos RNAs sugerem que eles podem representar biomarcadores de doenças pouco invasivos . A análise dos RNAs livres circulantes tem-se concentrado principalmente nos padrões de microRNA (miRNA) como assinaturas epigenéticas associadas à transformação neoplásica. O significado clínico do miRNA pode não ser claramente demonstrado sem uma optimização e padronização precisas dos protocolos utilizados para o seu isolamento / avaliação . A fim de quantificar os níveis de miRNA no plasma ou noutros fluidos do paciente, foram propostos vários tipos de nano tecnologias. As abordagens de medição do ácido nucleico sem células sofrem de importantes inconvenientes, tais como a instabilidade dos pequenos RNAs e a sua baixa concentração (níveis femtomolares - picomolares) e complicam os procedimentos de marcação e isolamento . Mesmo que novos métodos baseados na miniaturização e nano materiais tenham sido explorados para melhorar os limites de detecção actuais, o desenvolvimento de um ensaio sensível e fiável para o enriquecimento do miRNA continua a ser insuficiente.

Nos últimos tempos, o grafeno de alotrópodes de carbono tornou-se extremamente popular no campo bio-médico, devido às suas interacções únicas com células e compostos orgânicos . O grafeno é um material bidimensional feito de um favo de mel de átomos de carbono e disponível em tamanhos que vão desde poucos nano metros (pontos quânticos de grafeno) até grandes flocos de vários microns em tamanho lateral. Entre os muitos derivados do grafeno, o óxido de grafeno solúvel oxidado (GO) é o mais estudado para aplicações biomédicas, uma vez que interage com células, proteínas e bactérias de formas únicas.

Tanto o GO como o seu subproduto rGO reduzido têm uma grande afinidade por ácidos nucleicos de cadeia única (ssNAs) através de hidrocarbonetos e/ou interacções π-π, especialmente para ssNAs curtos (ou seja, <20 nucleótidos de comprimento), dada a difusividade mais lenta dos ssNAs mais longos. Esta observação levou ao desenvolvimento de métodos baseados em GO para extracção de NA a partir de meios complexos . Algumas restrições na utilização de GO e seus derivados ainda estão a limitar a sua ampla utilização.

A ligação de óxido de grafite GO aos ácidos nucleicos baseia-se na interacção com o fosfato da espinha dorsal, e isto poderia levar a reacções indiscriminadas com ácidos nucleicos de cadeia dupla (dsNAs) ou ssNAs, e a uma sensibilidade reduzida na distinção dos dsNAs aos ssNAs. Por este tipo de razão, o rGO tem sido preferido, dada a sua interacção directa com resíduos nucleotídicos expostos em ssNAs como os miRNAs . Por outro lado, o rGO, em comparação com o GO, é difícil de manusear porque precipita em fluidos biológicos complexos. Estudos recentes propuseram efectivamente a funcionalização do rGO com contas magnéticas ou nanopartículas de ouro para evitar esta limitação. As amostras de rGO podem ser obtidas a partir de GO usando vários protocolos alternativos de redução, o que causa grande variabilidade no conteúdo de oxigénio, estabilidade, e tamanho e pode levar a uma reprodutibilidade pobre dos resultados de diferentes laboratórios. Falta um método padronizado para uma dessorção eficiente das AN adsorvidas tanto de superfície GO como de rGO. Esta etapa é crucial para a análise subsequente das amostras isoladas de ARN.

Neste trabalho, propomos um método nanotecnológico para enriquecer o ARN total ou selectivamente pequenas moléculas de ARN (<100 nucleótidos de comprimento como miRNAs) em solução. Com este objectivo, desenvolvemos um protocolo baseado nos efeitos de armadilha únicos dos nanoflakes GO na presença de catiões divalentes. Catiões como o cálcio e o magnésio adsorvem rapidamente na superfície de GO. Após a adsorção, GO flocula e precipita formando estruturas complexas com tamanho e estabilidade largamente dependentes do tipo - concentração do íon envolvido. A isto também foi dado o nome de "efeito de armadilha de GO", quando ocorreu na presença de bactérias que permanecem encapsuladas e isoladas em grandes armadilhas de GO. Demonstramos que a armadilhagem também ocorre com ácidos nucleicos e que pode ser invertida selectivamente a pH elevado para libertar selectivamente e concentrar pequenos RNAs. Em contrapartida, os RNAs grandes permanecem na superfície GO, especialmente na presença de Mg2+, que é conhecido por formar pinças de RNA em células .

Este método é simples e específico e não envolve qualquer processo de preparação complexo, funcionalização de sonda em várias etapas, ou etiquetagem. Os nanoconcentradores GO de pequenos RNAs darão a oportunidade de refinar o desempenho analítico das plataformas existentes, reduzindo a saturação das colunas de purificação por grandes espécies de RNA (incluindo a grande quantidade de mR.N.A.s e rRNAs), aumentando a sensibilidade das plataformas de sequenciação e permitirá uma selecção curta de RNA mesmo em amostras disponíveis em pequenas quantidades, tais como fluidos cerebro-espinhais". (7)

Da revista: RSC Avança

Extracções de ADN e ARN de células eucarióticas e procarióticas por nanoplaquetas de grafeno

Ehsan Hashemi, Omid Akhavan, M. Shamsara, S. Valimehra , Reza Rahighib

"As nano plaquetas de grafeno com dimensões laterais de ~50-200 nm e espessuras <2 nm foram utilizadas para a extracção de ácidos nucleicos (NAs) de células eucarióticas e procarióticas.

As nano-plaquetas de grafeno (ambas nanoplaquetas de óxido de grafeno esfoliadas quimicamente e nanoplaquetas de óxido de grafeno reduzidas em hidrazina) extraíram com sucesso DNA plasmídeo (pDNA) da bactéria Es. coli, comparável a um método convencional de fenol-clorofórmio (PC).

Verificou-se que a produção de nano plaquetas de grafeno no DNA genómico (gDNA) e extracções de RNA de células estaminais embrionárias (ESCs) era também comparável à produção de métodos convencionais. Os efeitos das nano-plaquetas de grafeno na digestão enzimática de restrição do pDNA e amplificação genética de todos os NAs extraídos (pDNA, gDNA e RNA) foram também investigados a fim de confirmar a qualidade das extracções.

Estes resultados não só demonstraram uma capacidade de extracção de genes fácil de nano plaquetas de grafeno com uma alta amplificação genética, como também proporcionam um método de extracção de DNA/RNA fácil, rápido, barato e bio-compatível". (8)

Revisão

mR.N.A. Modalidades Terapêuticas Concepção, Formulação e Fabrico sob Princípios Farma 4.0

por A. Ouranidis ,T. Vavilis ,E. Mandala ,C. Davidopoulou ,E. Stamoula Catherine K. Markopoulou ,A. Karagianni ,K. Kachrimanis

Editor académico: Shaker A. Mousa

Biomedicinas 2022, 10

Departamento de Tecnologia Farmacêutica, Escola Superior de Farmácia

"mR.N.A. Purificação

A purificação do mR.N.A. transcrito in-vitro é uma etapa essencial em qualquer processo de fabrico a montante, e está incluído em todos os protocolos de preparação. **As impurezas presentes num produto mR.N.A. de grau clínico não puro podem ter um sério impacto na sua translatabilidade, função, quantificação, variabilidade de lote para lote e padrões de qualidade.** Os contaminantes como dsRNA, carregam um risco considerável de imunogenicidade que leva à activação indesejada da resposta imunitária inata celular e à rápida degradação do mR.N.A. . A purificação pode ser obtida por vários métodos que podem remover eficazmente os contaminantes do material de partida ou um subproduto da transcrição final do mR.N.A. **As impurezas incluem tipicamente solventes orgânicos, sais, NTPs livres, análogos de tampa, impurezas proteicas (tais como enzimas de restrição usadas, polimerases, DNAses ou inibidores de RNAses.),** híbridos de DNA-RNA ou os seus fragmentos, contaminação bacteriana de DNA genómico, DNA residual, mR.N.A.s curtos e truncados e (ds)RNAs duplamente encalhados. A escolha da técnica de purificação difere consoante se destinam a ser utilizados numa escala pequena ou numa escala industrial de grande dimensão e como tal são discutidos mais adiante".(9)

Revisão

Tendências actuais na separação das vacinas de DNA plasmídeo: Uma revisão

Ashraf Ghanem Robert Healey Frady G.Adly Analytica chimica acta

Biomedicines 2022 https://doi.org/10.3390/biomedicines10010050

" Vectores baseados em polímeros

Entre os vectores não-virais, os vectores baseados em polímeros ganharam grande atenção e são comummente utilizados como sistemas de distribuição para produtos farmacêuticos baseados em mR.N.A.-. Estes sistemas são baseados em nanopartículas (NPs) que consistem principalmente em polímeros catiónicos que favorecem interacções electrostáticas com o mR.N.A. de carga negativa e a membrana celular, facilitando tanto a encapsulação como a absorção celular e são tipicamente fabricados através de técnicas de nano precipitação ou emulsão. Os polímeros catiónicos utilizados devem ser bio-compatíveis, livres de toxicidade, bem como de efeitos imunogénicos indesejáveis.

 Um benefício importante da aplicação de polímeros é a sua flexibilidade química e a sua capacidade de ser modificado à superfície, facilitando a orientação e o controlo do modelo de libertação como através da libertação de pH-responsivo . Os polímeros típicos possuem grupos de amino cargas positivas e podem ser sintéticos, tais como poli L-lisina , poliamidoamina , poli(ácido acrílico) e polietilenoimina , ou naturais, como o quitosano . O PEI e seus derivados são polímeros catiónicos muito populares, devido à sua elevada densidade de carga catiónica e elevada eficiência de transfecção . Os materiais poliméricos, como o PEI, têm apresentado problemas de toxicidade, relacionados com elevado peso molecular, polidispersidade e depuração ou bio-degradação . Muitas abordagens de modificação foram experimentadas, fabricando salicilamida enxertada indicativamente com PEI , **óxido de grafeno (GO)- complexos PEI (CHOI),** micelas de PEI-2k conjugado com ácido esteárico , PEI conjugado com ciclodextrina , policações redutíveis com histidina e resíduos de polisina (HIS-RPCs) , escovas de poli(glicoamidoamina) produzidas a partir de poli(glicoamidoamina) e epóxidos, etc. As nanopartículas de poli(ácido láctico-co-glicólico) (PLGA) também têm sido utilizadas para a entrega de mR.N.A., mas com baixa eficiência de en-capsulação . (10)

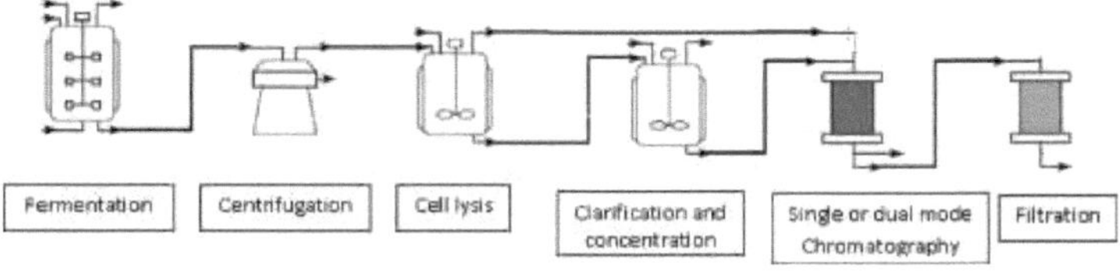

Fig. n 18 Estratégias de purificação do ADN plasmídeo super-revestido. Da revisão

Tendências actuais na separação das vacinas de DNA plasmídeo: Uma revisão

Ashraf Ghanem et al

Do website SYNOP.E.G. fev 2021

"Ambas as empresas de corrida frontal. Moderna e Pfizer-BioNTech, encapsularam as suas vacinas mR.N.A. utilizando nanopartículas lipídicas (LNPs) para proteger o mR.N.A. da degradação dos nucleótidos.

Os LNPs são um dos sistemas de entrega mais avançados e provaram ser seguros e eficazes na entrega de siRNA. As formulações de LNP são tipicamente compostas por um lípido ionizável, colesterol, lípidos conjugado com polietilenoglicol (P.E.G.ylated -lipid) e um lípido auxiliar, foram recentemente reconhecidas como um novo sistema de entrega, e o uso de P.E.G. melhora a estabilidade e longevidade das nanopartículas lipídicas. O mecanismo de fornecimento mediado por LNP de mR.N.A. não é totalmente compreendido, mas sugere-se que os LNPs sejam internalizados por endocitose e são fixados electrostaticamente e fundidos com a membrana celular através de fases lipídicas não-bilayer invertidas. Os LNPs também podem ser excretados das células por exocytosis, which é um ponto a ter em conta para a entrega de mR.N.A. via LNPs.

Os complexos de mR.N.A.-LNP fornecidos sistemicamente visam principalmente o fígado devido à ligação da apo-lipoproteína E e à captação mediada por receptores pelos hepatócitos. Estas gotas microscópicas de óleo, aproximadamente 0,1 µm de diâmetro, rodeiam e protegem o frágil mR.N.A. durante a produção, transporte, e eventual injecção no corpo.

As nanopartículas como sistemas de entrega de vacinas podem melhorar a entrega de antigénios às populações de tecidos e células alvo de interesse, e agir como adjuvantes imuno-estimuladores para activar ou aumentar as respostas imunitárias específicas. P.E.G. nunca foi encontrado em nenhuma outra vacina no mundo, e esta será outra nova utilização de P.E.G. no campo farmacêutico.

SINOP.E.G. é fornecedor de C.O.V.I.D.-19 Vaccine Excipients".

Do website da SinoP.E.G.

P.E.G.@GO P.E.G.-NH2 grafeno enxertado

P.E.G.@rGO P.E.G.ylated óxido de grafeno **reduzido**

"Grafeno de polietilenoglicol estruturado em polietilenoglicol funcionalizado para dieléctricos de polímeros de armazenagem de energia: desempenhos mecânicos e dieléctricos combinados

1 DE SETEMBRO DE 2020.

O grafeno, como o material mais fino, mais forte e mais rígido e disposto numa estrutura de padrão alveolar com carbono hibridizado sp2, encontra mais aplicações potenciais na indústria moderna do que outras alotrópodes carbonáceos; na sua forma pura, é também um excelente condutor de calor e eléctrico.O maior obstáculo na utilização do grafeno, particularmente para as aplicações electrónicas, é a sua insolubilidade no estado totalmente reduzido devido à forte afinidade entre as folhas de grafeno. É sabido que o grafeno puro é extremamente insolúvel na água e noutros solventes orgânicos, enquanto que o GO apresenta um comportamento polidisperso devido à formação de muitos grupos de oxigénio hidrofílico. A solubilidade de P.E.G.@GO e P.E.G.@rGO em diferentes solventes é mostrada na Fig. Como esperado, P.E.G.@GO mostra boa compatibilidade em água, álcool, acetona e DMF mesmo após 1 semana. A boa dispersão de P.E.G.@GO é principalmente atribuída aos grupos de oxigénio nos seus bordos e plano basal. Após a redução, P.E.G.@rGO é menos solúvel que P.E.G.@GO, especialmente em álcool e acetona. Apresenta excelente solubilidade em água devido ao sucesso da enxertia de P.E.G.-NH2 hidrofílico.

Neste estudo, sintetizaram pela primeira vez um grafeno polidisperso com condutividade eléctrica desejável por funcionalização covalente com éter monometílico polietilenoglicol aminado terminal único (P.E.G.-NH2). O grafeno enxertado P.E.G.-NH2 (P.E.G.@GO) foi então reduzido por hidrazina a P.E.G.@rGO e subsequentemente incorporado em resina epoxídica por um método de mistura de solução.

O P.E.G.@rGO com uma estrutura de "núcleo" exibiu dispersão homogénea em epóxi e também reduziu eficazmente a perda dieléctrica, contribuindo assim com excelentes propriedades dieléctricas e resistência mecânica para os nanocompósitos finais P.E.G.@rGO/epoxy

Sabe-se que o grafeno intacto é extremamente insolúvel na água e noutros solventes orgânicos, enquanto que GO apresenta um comportamento polidisperso devido à formação de muitos grupos hidrofílico-oxigénio. A solubilidade de P.E.G.@GO e P.E.G.@rGO em diferentes solventes é apresentada na Fig.relatada. Como esperado, P.E.G.@GO mostra boa compatibilidade em água, álcool, acetona e DMF mesmo após 1 semana. A boa dispersão de P.E.G.@GO é principalmente atribuída aos grupos de oxigénio nos seus bordos e plano basal. Após a redução, P.E.G.@rGO é menos solúvel que P.E.G.@GO, especialmente em álcool e acetona. Apresenta excelente solubilidade em água devido ao sucesso da enxertia de P.E.G.-NH2 hidrófilo.

O óxido de grafite GO foi quimicamente funcionalizado com um único terminal amino-P.E.G. (P.E.G.-NH2) e subsequentemente introduzido na resina epoxi como uma estrutura de "núcleo" para melhorar o desempenho dieléctrico dos dieléctricos de polímeros. O P.E.G.@rGO resultante tornou-se hidrofílico e apresentou um comportamento polidispersivo em vários solventes. A estrutura única e o excelente estado de dispersão de P.E.G.@rGO oferecem uma técnica fácil de modular a interface e optimizar a microestrutura, conseguindo assim alta permissividade e baixa perda de dieléctrico de polímero".

Ver **P.E.G.ylated reduced graphene oxide as a superior ssRNA delivery system**

Liming Zhang, Zunliang Wang, Z. Lu, He Shen, Jie Huang, Q.Zhao, Min Liu, Nongyue He e Zhijun Zhang

E de

ACS Omega. 2019 Ago 27

2019 Ago 19.

Espectroscopia Raman de Membrana para Sistemas Lipídicos Modificados com Colesterol: Efeito do tamanho de nanopartículas de ouro

Miftah Faried, Keishi Suga, Yukihiro Okamoto, Kamyar Shameli, Mikio Miyake, Hiroshi Umako

É interessante observar isto : **"em estudos com sonda fluorescente, foram observadas diferenças negligenciáveis entre AuNP100nm@lipid e lipossoma"**

Patente do Google CN112220919A China

"Vacina recombinante do nano coronavírus, tomando óxido de grafeno como portador

A invenção pertence ao campo dos naro materiais e biomedicina, e está relacionada com uma vacina, em particular com o desenvolvimento de 2019-nCoV coronavirus nuclear recombinante nano vacina. A invenção inclui também um método de preparação da vacina e a aplicação da vacina em experiências em animais. A nova vacina corona contém óxido de grafeno, carnosina, CpG e novo vírus corona RBD; carnosina de ligação, CpG e neocoronavírus RBD na espinha dorsal do óxido de grafeno; a sequência de codificação CpG é mostrada como SEQ ID NO 1; o novo coronavírus RBD refere-se a uma nova região de ligação co receptor de proteína coronavírus que pode gerar um anticorpo específico de alto teor que visa o RBD num corpo de rato, e fornece um forte apoio à prevenção e tratamento do novo coronavírus".

Patente do Google US10344274B2

Estados Unidos da América

"Métodos de separação de ácidos nucleicos com contas magnéticas revestidas de grafeno

Os métodos para separar e identificar os ác dos nucleicos utilizam contas magnéticas revestidas de carbono. O método ensina que os catiões multivalentes promovem a ligação de ácidos nucleicos de cadeia única aos grânulos e que os ácidos nucleicos de cadeia única podem ser libertados com a adição de agentes quelantes que ligam os catiões multivalentes, tais como EDTA. O método ensina ainda que os ácidos nucleicos frágeis de cadeia única, como o ARN, podem ser armazenados na superfície dos grânulos. Por último, o método também ensina que, adicionando iterativamente oligoelementos de ADN complementares, os ácidos nucleicos de cadeia única podem ser quantificados ou isolados individualmente usando os grânulos magnéticos revestidos de carbono".

Patente Google

WO2016084945A1 WIPO (PCT)

"Partículas contendo óxido de grafite e/ou óxido de grafite bem como celulose, composição para extracção de ácido nucleico, método para extracção de ácido nucleico, e método para reciclagem de partículas ou composição para extracção de ácido nucleico

Fornecer uma composição sólida com a qual é possível extrair ácido nucleico de forma altamente eficiente de uma solução em que os componentes biológicos são dissolvidos, sendo a composição capaz de ser reciclada após a utilização. Este problema é resolvido por partículas contendo óxido de grafite e/ou óxido de grafite, bem como celulósico - a presente invenção relaciona-se com uma partícula e uma composição para extracção de ácido nucleico que são fáceis de extrair ácido nucleico de várias amostras contendo ácido nucleico e que podem extrair ácido nucleico com elevada pureza e eficiência. A análise de uma pequena quantidade de ácido nucleico contida numa amostra é realizada em muitos campos como a bioquímica, tratamento médico, alimentação e investigação criminal. Como método de extracção de ácidos nucleicos de amostras, o método de Friedrich Mischer tem sido utilizado há muito tempo, e depois o método fenol / clorofórmio foi desenvolvido em 1967.

O método de extracção de ácido nucleico efectua a extracção de ácido nucleico desnaturalizando um componente a ser removido, como as proteínas, e depois retirando-o de uma solução na qual um componente biológico é dissolvido por centrifugação ou algo semelhante. Portanto, uma vez que o ácido nucleico a extrair está num estado dissolvido num líquido, existe o problema de o ácido nucleico se decompor facilmente devido à influência de uma enzima ou algo semelhante. Além disso, como a operação de extracção repete a mistura de líquidos, existe um problema de que a operação de extracção tende a derramar.

A fim de resolver os problemas acima referidos, em 1979, foi desenvolvido um método de extracção de ácido nucleico utilizando partículas de sílica sólida em vez do método convencional de extracção de ácido nucleico utilizando um líquido. Num laboratório, um laboratório numa universidade ou similar por vezes recicla equipamento e materiais utilizados para a extracção de ácido nucleico por razões orçamentais. Como método de reciclagem de partículas de sílica, sabe-se que as partículas de sílica são tratadas após a extracção do ácido nucleico com HCl . Como método de extracção de ácido nucleico numa amostra, é também conhecido um método que utiliza partículas magnéticas".

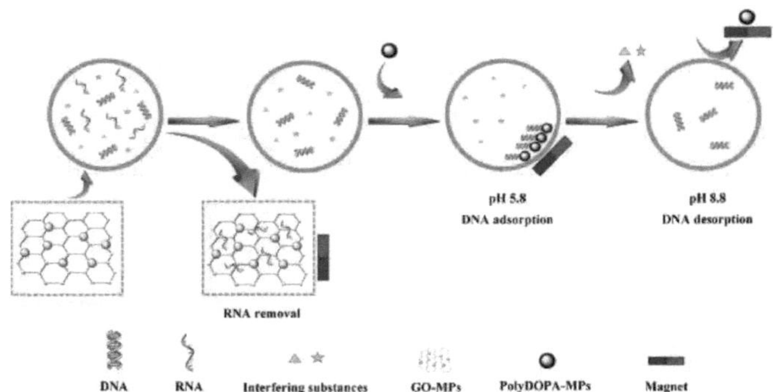

Fig. n 19 formulário https://doi.org/10.1016/j.seppur.2021.118616

Membranas monocamada de grafeno para separação molecular em solventes orgânicos duros de alta temperatura

Yanqiu Lu, Liling Zhang, L. Shen , Wei Liu , Rohit Karnik , e Sui Zhang

Editado por Alexis T. Bell, Universidade da Califórnia, Berkeley, CA, e aprovado a 9 de Agosto de 2021 (recebido para revisão a 20 de Junho de 2021)

10 de Setembro de 2021

118 (37) e2111360118

https://doi.org/10.1073/pnas.2111360118

"A nanofiltração de solventes orgânicos (OSN) é um paradigma tecnológico emergente para a separação molecular em solventes orgânicos com corte de peso molecular entre 200 e 1.000 g mol-1 (1). Não só tem o potencial de reduzir até 90% do custo energético para a recuperação de solventes em comparação com os processos convencionais de evaporação ou destilação (2), mas também, permite a separação num processo contínuo sem operações bifásicas ou de transição de fase, reduzindo assim a necessidade de um grande espaço (3). Devido às enormes quantidades de solventes orgânicos envolvidos na síntese e limpeza, milhões de toneladas de solventes são utilizadas num processo típico de produção de ingredientes farmacêuticos activos (API)".

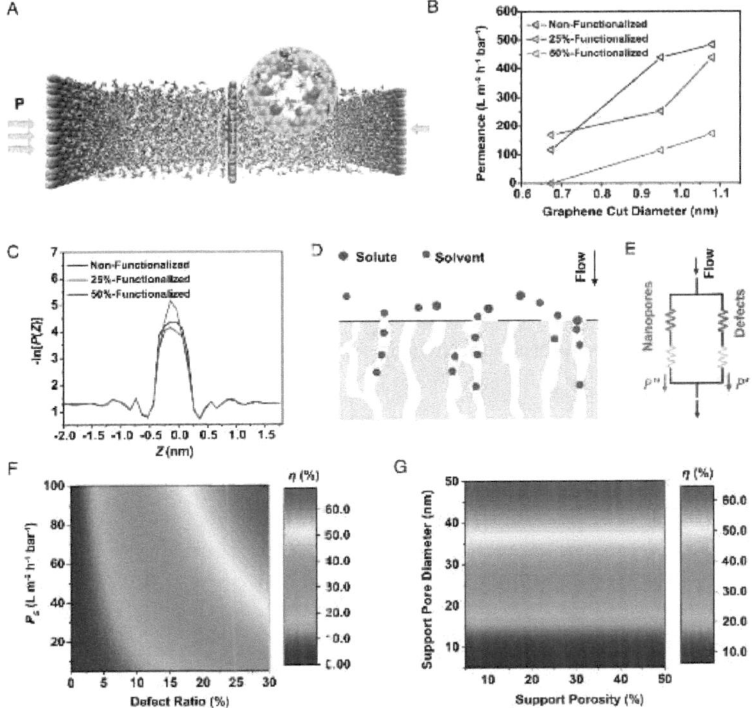

Fig. n 20 Simulação MD do transporte de etanol através do grafeno e análise da concepção do suporte com base no modelo de resistência. (A) Um esquema de simulações MD do transporte do etanol através do grafeno nanoporoso. (B) Permeabilidade calculada de etanol para grafeno nanoporoso a uma porosidade de 1% para diferentes diâmetros de corte do grafeno (dc) com vários graus de grupos funcionalizados. (C) Perfis de energia livre para o etanol ao longo do poro do grafeno (direcção do eixo Z). (D) Um esquema que mostra a membrana revestida de grafeno com fluxo. (E) Uma rede de resistência equivalente para a membrana revestida de grafismo de escoamento. (F) A razão de permeabilidade do defeito sobre a permeabilidade total (η) em função da razão de defeito e da permeabilidade de suporte, baseada em grafeno nanoporoso a uma porosidade de 1%, diâmetros de corte de grafeno (dc) de 0,95 nm com 25% de funcionalização, e porosidade da superfície de suporte de 10%. (G) A razão de permeabilidade do defeito sobre a permeabilidade total em função do diâmetro dos poros de suporte e da porosidade da superfície de suporte com base em grafeno nanoporoso a uma porosidade de 1%, diâmetros de corte de grafeno (dc) de 0,95 nm com funcionalização de 25%, tortuosidade de 50, e espessura de 200 nm. From https://doi.org/10.1073/pnas.2111360118

MEMBRANAS SELECTIVAS DE SOLVENTE PARA AUTOMATIZAR A LIBERTAÇÃO SEQUENCIAL DE LÍQUIDOS E ENCAMINHAMENTO DE PROTOCOLOS DE PURIFICAÇÃO DE ÁCIDOS NUCLEICOS NUM MOTOR DE FUSO SIMPLES

J. Gaughran, D. Kinahan , R. Mishra e J. Ducrée

Escola de Ciências Físicas, Centro Nacional de Investigação de Sensores, Universidade da Cidade de Dublin,

IRLANDA

20ª Conferência Internacional sobre Sistemas Miniaturizados para Química e Ciências da Vida, 9-13 Out 2016, Dublin, Irlanda.

"As plataformas de microfluidos centrífugos podem oferecer benefícios significativos para os testes de ácido nucleico, em

pode ser incorporado em particular o **processo** de purificação do ácido nucleico, **altamente intensivo em termos de trabalho,** e

integrados nestes sistemas.

Ao incorporar um conjunto de membranas que se dissolvem selectivamente ao contacto com solventes aquosos ou orgânicos em locais estratégicos num cartucho de disco, conseguimos automatizar totalmente a extracção de ácidos nucleicos em fase sólida através da variação da taxa de centrifugação de um motor de fuso de baixo custo. Um solvente - e

membrana selectiva de óxido de grafeno (GO) rege o encaminhamento dos fluxos para a eluição designada

e câmaras de resíduos. A libertação em série de amostras e reagentes a bordo é centrífugo-pneumática controlado pelo nosso esquema de válvulas previamente introduzido, activado por eventos . Todo o processo de extracção é concluído em menos de 8 minutos - a capacidade do sistema EGOR para purificar o ADN foi analisada em relação à rotação padrão de ouro.

método da coluna . O sistema EGOR era capaz de purificar o ADN de forma consistente, com um método de coluna

eficiência de ~10% em relação ao método padrão-ouro".

A partir de https://www.turbobeads.com/technology.html

"Concentrámo-nos na purificação do ADN com contas magnéticas tanto em procedimentos independentes de sequência (extracção de genoma inteiro / extracção de plasmídeo / trabalho de PCR) como em procedimentos dependentes de sequência (enriquecimento de ADN)".

Nanopartículas magnéticas revestidas com polímeros e Dendrimer como suportes versáteis para catalisadores, necrófagos e reagentes

Quirin M. Kainz e O. Reiser

Acc. Química. Res. 2014

8 de Janeiro de 2014

https://doi.org/10.1021/ar400236y

"Argumivelmente as nanopartículas magnéticas mais proeminentes são as nanopartículas superparamagnéticas de óxido de ferro (SPION) devido aos seus constituintes biologicamente bem aceites, aos seus métodos de síntese selectiva de tamanho estabelecido, e à sua aglomeração diminuída (sem atracção magnética residual na ausência de um campo magnético externo). No entanto, as nanopartículas feitas de meta puro têm um nível de magnetização consideravelmente mais elevado que é útil em aplicações onde são necessárias cargas elevadas. Algumas camadas de carbono podem proteger eficazmente estas nanopartículas metálicas altamente reactivas e, igualmente importante, permitir uma fácil funcionalização covalente através da química do diazónio ou uma funcionalização não covalente através de interacções π-π. Destacamos nesta Conta as nanopartículas de cobalto (Co/C) e ferro (Fe/C) revestidas com carbono e comparamo-las com SPIONs estabilizados com tensioactivos ou conchas de sílica. O revestimento em forma de grafite destas nanopartículas oferece apenas cargas baixas com grupos funcionais através da modificação directa da superfície, e as nanomagnets resultantes são propensas à aglomeração sem estabilização estéril eficaz".

A partir de https://www.thermofisher.com/it/en/home/industrial/pharma-biopharma/nucleic-acid-therapeutic-development-solutions/mR.N.A.-therapeutic-resources/mR.N.A.-synthesis-reagents/magnetic-beads-mR.N.A.-production.html

"Produção de mR.N.A. simples, flexível e escalável

Acelerar o desenvolvimento e fabrico da **vacina** e terapêutica **mR.N.A.** requer fluxos de trabalho simples com todos os inputs optimizados para as necessidades do produto. A procura de **purificação** e síntese de mR.**N.A.** de alta qualidade deve ser satisfeita com soluções de produção flexíveis e escaláveis. A Streptavidin da Invitrogen Dynabeads para Transcrição In Vitro e o Ácido Carboxílico da Invitrogen Dynabeads para Purificação do ARN são especificamente concebidos para uma **produção óptima de mR.N.A.**".

A partir de https://nanopdf.com/download/asynchronous-magnetic-bead-technology_pdf

ShivSharma ET AL UNIVERSITY OF MASSACHUSSETS

" **TURBOBEADS feitos de nanomagnéticos metálicos altamente reactivos que são revestidos em carbono grafeno. A combinação do núcleo metálico com o invólucro de carbono exibe um grande aumento das propriedades magnéticas; permitindo uma separação mais rápida".**

Turbo Beads

- Provide faster and more efficient way of seperating various compounds from one another
- Made from highly reactive metal nanomagnetics that are coated in graphene Carbon
- Combination of the metal core with the carbon shell displays a large increase in magnetic properties; allowing for faster separation.

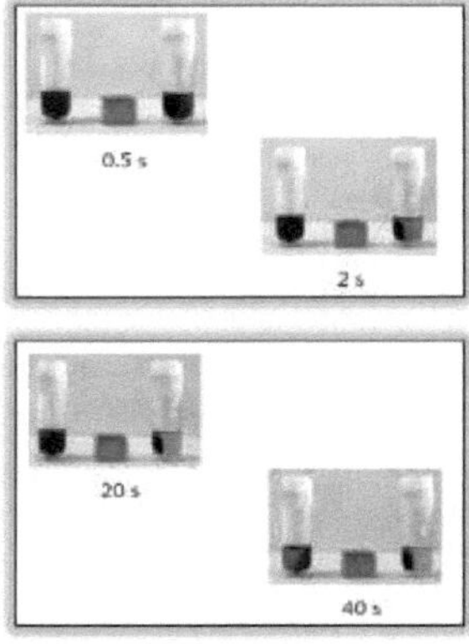

Fig. n 21

Advanced Drug Delivery Reviews Volume 188, Setembro 2022, 114416

O papel dos componentes lipídicos nas nanopartículas lipídicas para vacinas e terapia genética

Camilla Hald ,Albert sena, Jayesh A.Kulkarni, D.Witzigmann , Marianne Linda ,Karsten Petersson a Jens B.Simonsena https://doi.org/10.1016/j addr.2022.114416

"Embora os P.E.G.-lípidos constituam a menor percentagem molar dos componentes lipídiccs nos LNPs (tipicamente ~ 1,5 mol%), influenciam várias propriedades chave: tamanho e dispersão da população, prevenção da agregação do LNP; e estabilidade das partículas tanto durante a preparação como durante o armazenamento. P.E.G.-lípidos também afectam factores como a eficiência do encapsulamento do ácido nucleico; meia-vida da circulação; distribuição in vivo; eficiênca da transfecção; e resposta imunitária. Todas estas propriedades estão de alguma forma relacionadas com a razão molar do P.E.G.-lípido, bem como a estrutura e comprimento tanto da cadeia P.E.G. como da cauda lipídica (cadeia(s) alquilo/dialquilo)".

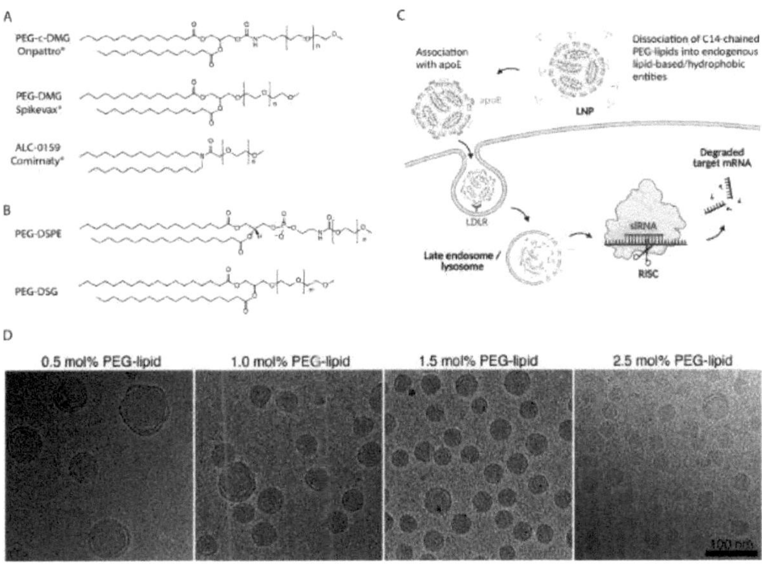

Fig n 22

FROM Grupo de Trabalho para Análise de Vacinas C.O.V.I.D.
06/07/2022 Arbeitsgruppe Impfstoffe Aufklärung, Expertcouncil.one e.V. (i. G.),

Editor Responsável: Dr. rer. nat. Klaus Retzlaff, Böklinger Straße 36, 39444 Hecklingen Akademie für Gesundheit Conuvive, Repräsentant Deutschland Holger Reißner (engenheiro industrial europeu) Stiftung Ärzte für Aufklärung

"Considerando a forte dependência dos LNPs e mR.N.A. em relação ao mecanismo de estabilização P.E.G., esta é uma questão legítima. As reacções adversas de vacinas específicas do lote podem ser encontradas em "How Bad is My Batch". As medições indicaram uma correlação estatística significativa entre o máximo da distribuição de unidades de etilenoglicol (grau máximo de polimerização) e os ADRs da base de dados .

Os nanolípidos são estabilizados por camadas de polietilenoglicol (P.E.G.). O P.E.G. é formado a partir de cadeias de diferentes comprimentos.

se depois resumirmos as distribuições de polímeros P.E.G. medidas em termos do número de etilenoglicol

unidades, podemos interpretar uma distribuição deslocada de unidades de etilenoglicol para um grau mais elevado de

polimerização como uma possível polimerização incompleta da superfície do LNP.

Dos espectros de massa de amostras de diferentes lotes de vacina Comirnaty (BioNTech/Pfizer),

os comprimentos máximos da cadeia foram comparados com o número de complicações de vacinação comunicadas. Pode ser vista uma correlação clara. Os pontos azuis estão associados aos números de lote BioNTech/Pfizer analisados. a correlação entre complicações vacinais e a qualidade P.E.G. dos lotes indica que são precisamente os lotes de vacinas que são tecnicamente complexos de produzir e nos quais as nanopartículas não se desintegram que podem causar a complicação da vacina (definição de acordo com a EMA). ".

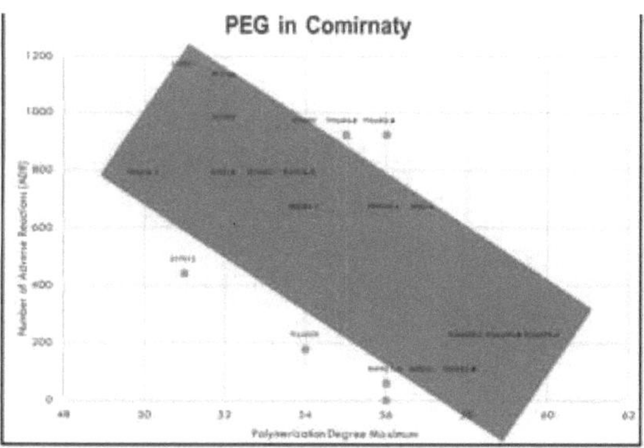

3. Vaccination side effects and (decreasing towards the right) stability of the lipid nanoparticle envelope

Fig. n 23

A partir de https://www.sepmag.eu/blog/rna-magnetic-purification-goes-large-scale

"Purificação magnética do ARN em grande escala

Tem havido muita discussão em torno da purificação do ARN com o objectivo de testar a presença de vírus de biópsias líquidas nas pessoas. Utilizando contas magnéticas para a purificação, são necessários muitos kits para preparações de amostras individuais. Neste momento existe também potencial para a utilização de esferas magnéticas para a purificação em grande escala do ARN na investigação para o desenvolvimento de vacinas e testesA purificação magnética em grande escala do ARN tornou-se disponível através da inovação em ímanes que permitem uma força magnética constante numa amostra biológica. Este tipo de produtos permitirá a purificação em grande escala do ARN utilizando ímanes em laboratório e **fabrico".**

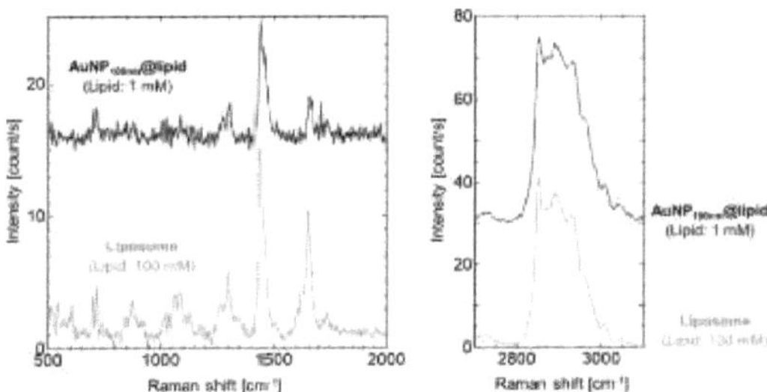

Fig. n 24 Espectros Raman de AuNP100nm@lipid (azul) e lipossoma (laranja), obtidos com concentrações lipídicas totais de 1 e 100 mM, respectivamente. As composições lipídicas foram DOPC/Chol (60/40). Todas as amostras foram medidas a 25 °C. Foram obtidos pelo menos três espectros reprodutíveis para cada sistema. Os dados espectrais brutos são mostrados na Informação de Apoio .

Artigo 2017

Lipossomas Adenosina Trifosfato Incapsulado com Nanopartículas Plasmáticas para Imunoensaios de Dispersão Raman à Base de Superfície Melhorada

Xuan-Hung Pham ,Eunil Hahm ,Tae Han Kim ,Hyung-Mo Kim ,S. Hun Lee ,Yoon-Sik Lee ,Dae Hong Jeong Bong-Hyun Jun Sensores 2017

"Preparação de Lipossomas e NPs de SiO2@Au@Ag ATP-Encapsulados

Concebemos e fabricámos lipossomas encapsulados em ATP que só podiam libertar ATP quando a estrutura dos lipossomas fosse rompida para os imunoensaios baseados em SERS, como se mostra no Esquema relatado. Para tal, os lipossomas encapsulados ATP e a liga de prata dourada (Au@Ag - sílica NPs montadas (SiO2@Au@Ag) foram preparados, separadamente. Tanto os lipossomas como os NPs de SiO2@Au@Ag estavam inactivos para a medição de SERS. **Quando a estrutura do lipossoma é quebrada, e o ATP é libertado, um forte sinal SERS pode ser obtido, porque os ATPs libertados são imobilizados em SiO2@Au@Ag NPs".**

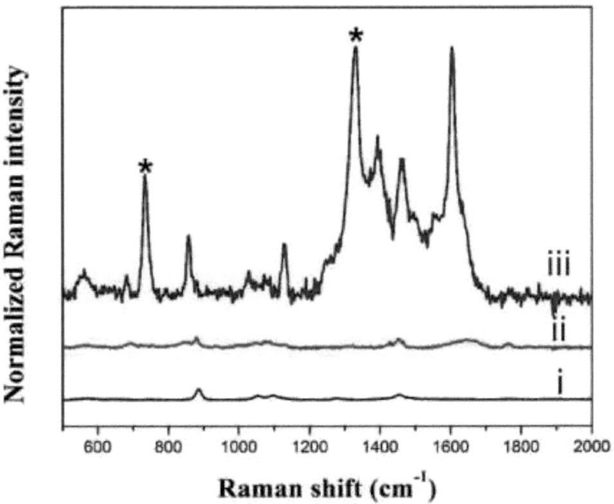

Fig. n 25 Espectro de dispersão Raman (SERS) de (i) SiO2@Au@Ag NPs, (ii) 10 mM ATP, e (iii) SiO2@Au@Ag NPs na presença de 10 mM ATP. As concentrações de SiO2@Au@Ag NPs eram de 1 mg/mL em solução de etanol, respectivamente.

Nanomateriais (Basileia). 2019 Mar

2019 Mar 3. doi: 10.3390/nano9030341

Raman Imaging of Nanocarriers for Drug Delivery

Sally Vanden-Hehir, William J. Tipping, Martin Lee, Valerie G. Brunton, Anna Williams, e Alison N. Hulme1

"Uma grande vantagem da Raman é que permite a imagem directa dos nanocarriers, **e não da carga útil**

en-capsulado dentro deles".

Química Analítica e Bioanalítica

Química Anal Bioanal. 2022

 doi: 10.1007/s00216-021-03727-4

O papel da espectroscopia Raman em biofarmacêuticos desde o desenvolvimento até ao fabrico

Karen A. Esmonde-White, Maryann Cue lar, e Ian R. Lewis

Espectroscopia Raman como **tecnologia analítica de processo (PAT)** em bioprocessamento

"Os avanços na engenharia celular, no controlo de processos e na composição dos meios são creditados à melhoria do rendimento volumétrico dos processos biológicos de cultura ce ular, tornando a produção biofarmacêutica mais rentável e prática. A adopção dos princípios PAT e Qualidade por Design (QbD) é um importante contributo para melhorias no controlo de processos biológicos. O PAT proporciona uma compreensão em tempo real que ajuda a gerir o risco ao longo do ciclo de vida de um produto biofarmacêutico. A estrutura PAT- é uma abordagem integrada que utiliza conhecimento histórico do processo, modelação e análises. Muitos tipos de análises físicas e químicas são utilizados para o bioprocessamento. Os parâmetros tradicionais tais como pH, temperatura, oxigénio dissolvido, composição da ração, e tempo de alimentação são medidos in situ. Parâmetros bioquímicos, tais como nutrientes, metabolitos, aminoácidos, proteínas, viabilidade celular, e biomassa podem ser medidos por espectroscopia, sensores electroquímicos, ensaio bioquímico, ou cromatografia. Estes PAT bioquímicos podem ser utilizados in situ, integrados com um amostrador automático para medições em linha, ou fora de linha. As técnicas de Espectroscopia PAT baseiam-se nas interacções da luz com os materiais. Fornecem uma **análise química** rápida, sem etiquetas, não invasiva e **não destrutiva de um material**".

Silge, A., Bocklitz, T., Becker, B. et al. Raman identificação baseada em espectroscopia de produtos de vacina toxoide. npj Vacinas (2018).

 https://doi.org/10.1038/s41541-018-0088-y

"A Farmacopeia Europeia (Ph. E.), fornece o quadro legislativo para testes de produtos e organismos reguladores, tais como a Direcção Europeia para a Qualidade dos Medicamentos (EDQM), pré-qualificação de métodos para estes fins, incluindo as normas biológicas a serem utilizadas para obter a comparabilidade. Entre os métodos estabelecidos para o controlo de qualidade dos medicamentos clássicos, as chamadas técnicas "não invasivas", por exemplo, não destrutivas, tais como a espectroscopia quase infravermelha e Raman, foram aplicadas para a imagiologia molecular e analítica em tecnologia analítica de processos (PAT) e são implementadas em conceitos de qualidade por concepção (QbD).

 Os recentes desenvolvimentos técnicos no campo da tecnologia Raman permitem agora aos fabricantes utilizar esta técnica para a análise de produtos biológicos mais complexos, incluindo misturas de proteínas em bioreactores e produtos de engenharia celular e de tecidos. A Raman - microspectroscopia é um método inelástico baseado na dispersão de luz útil para a **análise não**

destrutiva de amostras bioquímicas. Fornece uma riqueza de informação molecular sobre uma amostra através das próprias assinaturas vibracionais inerentes à amostra.

Como a composição bioquímica de uma amostra é espelhada no espectro Raman, os métodos matemáticos, incluindo a modelação analítica, traduzem os dados físicos registados Raman em informação de nível superior, que pode ser ainda mais explorada para análises comparativas. A especificidade das assinaturas espectrais em forma de impressão digital pode ser utilizada para criar uma base de dados de referência de produtos biológicos testados para fins de identificação".

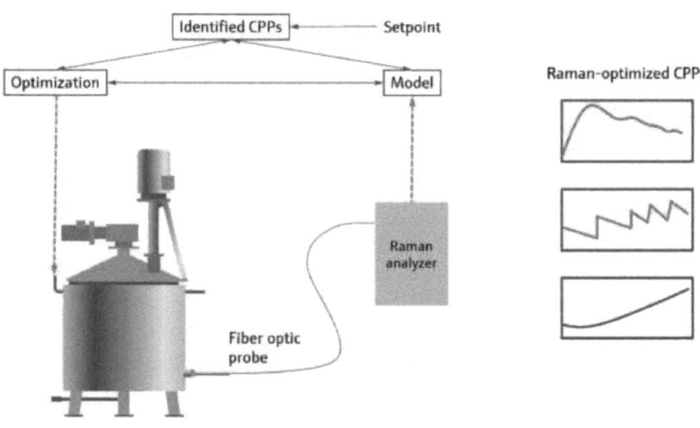

Fig. n 26

Campra, P. (2021, 28 de Junho). Detecção de óxido de grafite em suspensão aquosa:

Estudo observacional em microscopia óptica e electrónica.https://www.docdroid.net/rNgtxyh/microscopia-de-vial-corminaty-dr-campra-firma-e-1-fusionado-pdf

METODOLOGIA ANALÍTICA

"Fundamentos da técnica micro -Raman Devido às características da amostra e à dispersão de objectos com uma aparência gráfica de tamanho micrométrico numa matriz complexa de indeterminada

A aplicação directa de métodos espectroscópicos não permite a caracterização das nanopartículas aqui estudadas sem uma localização microscópica prévia ou fraccionamento a partir da amostra original. Portanto, a microscopia acoplada à espectroscopia RAMAN (microRAMAN) foi seleccionada como uma técnica eficaz para um rastreio exaustivo dos objectos micrométricos visíveis sob o microscópio óptico".

CAPÍTULO 5 Hipotesias de projectos experimentais

A fim de verificar a ausência de ederivados de grafite em frascos de alguns compostos biofarmacêuticos, é necessário testar 100 amostras de um novo produto tecnológico

No exemplo m vacina RNA .

Isto utilizando o procedimento analitícc oficialmente aprovado pelo CGMP (espectroscopia RAMAN) e com a sensibilidade accetível. (um procedimento com um método destrutivo clássico e utilizando também um método não destrutivo).

Esta amostra deve ser dividida em grupos de dez e enviada cega para vários e diferentes laboratórios químicos acreditados.

A amostra deve ser pisada para a necess dade pré-analítica (extracção) antes de ser analisada.

Isto para verificar nas mesmas condições os nanolipídios internos incluídos e fora disto.

Resultados: verificar se existe ou não presença significativa de grafeno ou dos seus derivados nos frascos finais aprovados. (p < 0,005)

Os resultados devem ser divididos utilizardo um método destrutivo e um método não destrutivo.

CAPÍTULO 6 Discussão

Os medicamentos biofarmacêuticos DRUGS são uma espécie de medicamentos que devem ser registados por uma agência reguladora sob critérios estritamente BPF.

Na ficha técnica aprovada são relatados a lista de princípios activos, bem como os eccipientes.

Isto é obrigatório

São verificados vários tipos de impurezas: endotoxinas, metais pesados e outros .

Mas, como já vimos todos os referenciados, porque o grafeno e os derivados são de grande utilidade no procedimento biotecnológico, é pedido (ou não) por agências reguladoras testes químicos analíticos **específicos** para certificar a ausência de derivados finais do grafeno (de forma específica)?

E isto é claramente relatado na ficha técnica e de segurança registada? E para cada lote de lote?

Se procurar nalguma m vacina C.O.V.I.D.-19 de RNA técnica ou ficha de segurança a palavra "grafeno" isto não aparece.

Em 14 de Outubro de 2021EMA/594686/2021

Comité dos Medicamentos para Uso Humano (CHMP)

Relatório de avaliação do CHMP sobre o grupo de uma extensão da autorização de introdução no mercado e alterações COMIRNATY

"Estão também incluídos testes adequados de bioburden, endotoxinas e esterilidade em fases apropriadas do processo de fabrico do produto acabado".

E em 11 de Março de 2021 EMA/15689/2021 Corr.1*1

Comité dos Medicamentos para Uso Humano (CHMP)

Relatório de avaliação C.O.V.I.D.-19 Vaccine Moderna Nome comum: C.O.V.I.D.-19 mR.N.A. Vacina (nucleóido-modificado) Procedimento N.º EMEA/H/C/005791/0000

"Controlo de P.E.G.2000-DMG

Os seguintes atributos foram incluídos na especificação do novo excipiente P.E.G.2000-DMG:

aspecto, identificação por NMR, peso molecular médio por TOF-MS, pureza por RP-HPLC, humidade

por Karl Fischer, solventes residuais por GC, endotoxinas bacterianas, bioburden, metais pesados residuais.

A especificação não é actualmente aceitável. A polidispersidade deve ser incluída na especificação para

P.E.G.2000-DMG pós-aprovação. Serão incluídos limites numéricos para impurezas especificadas e não especificadas

na especificação P.E.G.2000-DMG após a aprovação. **A actual comunicação de impurezas não é aceitável.**

Devem ser fornecidos dados de caracterização das impurezas que são comunicadas sob "teor de desconhecido".

pós-aprovação (REC).

Na descrição da pureza HPLC, os métodos analíticos foram adequadamente descritos

falta informação sobre o limiar de notificação e deve ser fornecida após a aprovação.

Validação - faltam dados para os métodos analíticos de controlo do DMG-P.E.G.2000, que devem ser fornecidos

pós-aprovação (REC).

Foram fornecidos dados de análise de cinco lotes. Todos os resultados estão em conformidade com as especificações.

Será fornecida informação mais detalhada sobre estes lotes após a aprovação (REC). São necessários alguns esclarecimentos e alterações para a descrição do processo de fabrico (REC). Foram necessários alguns esclarecimentos e emendas para a descrição do processo de fabrico. Foram fornecidas informações e/ou compromissos respeitáveis.

Os CQAs propostos do LNP são aparência, identidade mR.N.A., teor total de RNA, pureza e impurezas relacionadas com o produto, % de en-capsulação de RNA, tamanho das partículas, identificação de lípidos, teor de lípidos, pureza de lípidos, pH, osmolalidade, endotoxinas bacterianas e bioburden. Os CPPs para o processo de fabrico de mR.N.A.-1273 LNP foram descritos. Não foram identificados CIPCs para o processo de fabrico do mR.N.A.-1273 LNP.

Uma avaliação de risco relativa a potenciais extraíveis e lixiviados de componentes de fabrico

e sistemas de fecho de contentores foi realizado de acordo com o requerente. Nenhum detalhe é

disponíveis em possíveis extractáveis. O candidato fornecerá os respectivos dados (REC)".

Relacionou os métodos de ensaio utilizados Young relatou um **pré-teste da amostra,** tal como relatado antes do ensaio

Young, R. O. (2021, 5 de Fevereiro). Microscopia Electrónica de Digitalização e Transmissão Revela Óxido de Grafeno em Vacinas CoV-19. Dr. Robert Young.

"Passos de Análise das Fracções Aquosas da Vacina

As amostras refrigeradas foram processadas em condições estéreis, utilizando câmara de fluxo laminar e artigos de laboratório esterilizados.

Os passos para as análises foram:

1. Diluição em 0,9% de soro fisiológico estéril (0,45 ml + 1,2 ml)

2. Fracionamento da polaridade: 1,2 ml de **hexano** + 120 ul de amostra RD1

3. **Extracção de pH hidrofílico - aquoso**

4. Absorção UV e varrimento por espectroscopia de fluorescência".

Pode ser considerado um **método destrutivo.**

Dr. Robert O Young. "Scanning and Transmission Electron Microscopy Revele o Óxido de Grafeno em Vacinas CoV-19". Acta Scientific Medical Sciences 6.8 (2022): 98

"Figura reportada : Mostra o lipossoma Capsid contendo rGO".

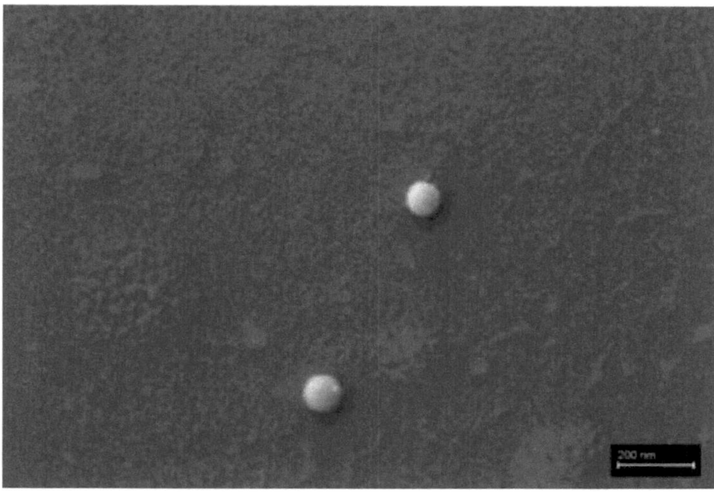

Fig. n 24 de YOUNG RO.

E de acordo com a **farmacopeia europeia** : Entre os métodos estabelecidos para o controlo de qualidade dos medicamentos clássicos, as chamadas técnicas "não invasivas", por exemplo, **não destrutivas**, tais como a espectroscopia quase infravermelha e Raman, foram aplicadas para a imagiologia e análise molecular em tecnologia analítica de processo (PAT) e são implementadas em conceitos de qualidade por concepção (QbD).

CAPÍTULO 7 Conclusão

Relacionada com a referência analisada, é evidente que, porque a impureza foi encontrada em vários medicamentos químicos clássicos aprovados no passado, bem como em alguns produtos bio-farmacêuticos

é interessante , relacionado com a última evidência Giovannini et. al P.Campra , Young RO e Young MI Lee et al , investigar o tópico relacionado com a ausência de derivados de grafeno e alguns m RNA C.O.V.I.D. -19 vacina.

 Muitos processos e bio - tecnologia utilizam produtos derivados de grafeno, por exemplo, em purificações farmacêuticas, na purificação - extracção de ARN (ou relacionam a propriedade de absorção, portador, adiuvant , para aumentar a estabilidade do Rna , microboneto magnético para melhorar os procedimentos de extracção).

Observando tudo isto relatado em referências, é necessário que a agência reguladora, como ordem obrigatória, exija certificação específica relacionada com relatórios escritos sobre a ausência de derivados grafénicos nos produtos bio - farmacêuticos finais (cada lote/lote) E isto também para a matéria-prima: deve ser certificada e relatada na ficha técnica e de segurança.

Isto mesmo que a EMA já tenha verificado a ausência de grafeno e derivados como GO (P-00303/2022 (ASW).

É necessário que a agência reguladora forneça informação escrita sobre o método de pré-declaração utilizado pelo laboratório de controlo para a libertação de lotes para os testes das amostras (antes do ensaio com a espectroscopia Raman é utilizado um método destrutivo ou não destrutivo?)

Muitas vezes os produtores finais utilizam matérias-primas provenientes de outros fornecedores: por esta razão é também necessário testar para o grafeno derivado desta matéria-prima.

Não é aceitável que o procedimento e as técnicas de manifesto não sejam interely kwowed pela regulamentação

Agência , investigadora e pela opinião pública. (que tipo de técnica de extracção utilizada e quais os materiais utilizados? para todas as fases do processo produtivo).

E isto mesmo que estejam presentes patentes e outros direitos para os produtores de fármacos industriais.

O facto de uma nova tecnologia proporcionar vantagens de gread na eficiência da produção não significa que os critérios de segurança e protecção não devam ser seguidos.

Fazer com que a opinião pública tenha pleno conhecimento deste facto torna possível partilhar com todos uma percepção de segurança mais ampla e útil na estratégia de vacinação.

Conflito de interesses : não

Referências

1) Avanços recentes em Técnicas Analíticas, 2019, Vol. 4, 1-36 1

CAPÍTULO 1

Recuperação e Purificação de (Bio)Farmacêuticos Utilizando (Nano)Materiais

Ana P. M. Tavares, Márcia C. Neves, Tito Trindade e Mara G. Freire

CICECO - Aveiro I

2) Chem Asian J. 2017 Aug 4;12(15):1883-1888. doi: 10.1002/asia.201700554. Epub 2017 Jun 22.

Esferas magnéticas conjugadas de óxido de grafite para extracção de RNA

Xuan-Hung Pham , Ahruem Baek , Tae Han Kim , Sang Hun Lee , Won-Yeop Rho , Woo-Jae Chung , Dong-Eun Kim , Bong-Hyun Jun

3) Nanopartículas magnéticas revestidas de polímero e Dendrimer como suportes versáteis para catalisadores, necrófagos e reagentes Quirin M. Kainz e Oliver Reiser

 Acc. Química. Res. 2014, 47, 2, 657-677 Data de publicação:8 de Janeiro de 2014

https://doi.org/10.1021/ar400235y

4) Nanopartículas magnéticas de óxido de grafeno auto-montadas Nanotag para detecção optomagnética de ADN

Bo Tian, Yuanyuan Han, Jeppe Fock, Mattias Strömberg, Klaus Leifer, e Mikkel Fougt Hansen

Cite isto: ACS Appl. Nano Mater. 2019, 2, 3, 1683–1690

Data de Publicação:5 de Março de 2019

https://doi.org/10.1021/acsanm.9b00127

5) Materiais APL > Volume 8, Edição 7 > 10.1063/5.0012465 Publicado online: 15 de Julho de 2020

Cristal líquido de óxido de grafeno 2D para aplicações no mundo real: Energia, ambiente, e editores antimicrobianos - escolha

Materiais APL 8, 070903 (2020); https://doi.org/10.1063/5.0012465

Taeyeong Yun, Geong Hwa Jeong, Suchithra Padmajan Sasikala, e Sang Ouk Kima)

6) Frente. Bioeng. Biotechnol., 25 de Maio de 2020

Sec. Nanobiotecnologia

https://doi.org/10.3389/fbioe.2020.00421

Nanomateriais 2D de Biointerfacing e Heterostruturas de Engenharia

Nanoconcentradores de Óxido de Grafite Modulam Selectivamente o RNA de acordo com os cátions metálicos em solução

Valentina Palmieri, Lorena Di Pietro, Giordano Perini, Marta Barba, Ornella Parolini, Marco De Spirito, Wanda Lattanzi e Massimiliano Papi

7) RSC avança extracções de ADN e ARN de células eucarióticas e procarióticas por nanoplaquetas de grafeno

 Ehsan Hashemi,a Omid Akhavan, Mehdi Shamsara,a Sepideh Valimehra e Reza Rahighib

8) mR.N.A. Modalidades Terapêuticas Concepção, Formulação e Fabrico sob os Princípios de Pharma 4.0

por Andreas Ouranidis ,Theofanis Vavilis ,Evdokia Mandala ,Christina Davidopoulou ,Eleni Stamoula Catherine K. Markopoulou ,Anna Karagianni e Kyriakos Kachrimanis

Editor académico: Shaker A. Mousa

Biomedicinas 2022, 10(1), 50; https://doi.org/10.3390/biomedicines10010050

 Publicado: 27 de Dezembro de 2021

9) Tendências actuais na separação das vacinas de DNA plasmídeo: Uma revisão

Ashraf Ghanem Robert Healey Frady G.Adly analytica chimica acta

Biomedicinas 2022, 10(1), 50; https://doi.org/10.3390/biomedicines10010050

Publicado: 27 de Dezembro de 2021

10) Young, R. O. (2021, 5 de Fevereiro). Microscopia Electrónica de Digitalização e Transmissão Revela Óxido de Grafeno em Vacinas CoV-19. Dr. Robert Young. https://www.drrobertyoung.com/post/transmission-electron-microscopy-reveals-graphene-oxide-in-cov-19-vaccines

11) Luisetto M (2022).

Graphene e Derivados: Propriedades Físico-Químicas e Toxicológicas no mR.N.A.

Estratégia de Manifestação da Vacina . Mundo Científico J Pharm Sci, 1(2);1-23

12) Luisetto M, et al. Raman (Rs) Spectroscopy for Biopharmaceutical Quality Control and PAT.

Matéria-prima - Produtos finais: o efeito dos nanolípidos na intensidade do sinal. Regulamentação e

Aspectos Toxicológicos. Med & Analy Chem Int J 2022, 6(1): 000175.

13) Artigo relevante , Livros Brancos e outros documentos relativos a The m RNA VACCINE: Uma colecção interessante útil para compreender melhor alguns fenómenos e gerar hipoteses luisetto m , Almukthar N,Tarro G., Edbey K, Mashori gr, Nili B A , Cabianca L, Gadama G.P, Latyshev OY.aceite para publicação em revista de patologia forense IOMC sep 2022 - no prelo

14) PROPRIEDADE DE AUTO-ASSEMBLEIA DE DERIVADOS GRÁFICOS CHEMICO -PHYSICAL and TOXICOLOGICAL IMPLICATIONS Luisetto M , Tarro g. Edebey K, Hamid GA , Nili BA , Cabianca L, Latyshev OY 2022 sept

Enviado ao editor , Pré-impressão na publicação académica RG-BOOK lambert 2022

15) International Journal of Vaccines & Vaccination eISSN: 2470-9980

Pesquisa ArtigoVolume 4 Edição 1

Novas Investigações de Controlo de Qualidade em Vacinas: Micro e Nanocontaminação

Antonietta M Gatti, Stefano Montanari

16) O relatório "Qualitative Evaluation of Inclusions In Moderna, AstraZeneca and Pfizer C.O.V.I.D.-19 vacinas" foi apresentado à Polícia envolvida no caso criminal do Reino Unido, 6029679/21

17) de JANEIRO 10, 2022 POR MICHAEL DUCHARME Aviso do Dr Andreas Noack ao Mundo sobre C.O.V.I.D. Jabs andreas Noack um químico alemão Ph D e especialista em carbono

18)Ki-Yeob J. Moving and Living Micro-Organisms in the C.O.V.I.D.-19 Vacinas - Prevenção, Precoce

Cocktails de Tratamento para C.O.V.I.D.-19 e Métodos de Catiões Desintoxicantes para Reduzir sequelas de C.O.V.I.D.-19 Vacinas.

Saúde Pública Americana J Epidemiol. 2022 Janeiro 12;6(1): 001-006. doi: 10.37871/ajeph.id50

19)desinfecção 1/ 2022 organo di A.T.T.A. (Associazione Tossicologi e Tecnici Ambientali) Analisi al microsopio in campo scuro sul sangue di 1006 soggetti sintomatici dopo vaccinazione con due tipi di vaccino a M rna Darkfield microscope analysis of the blood of 1006 symptomatic subjects affer vaccination whit 2 types of mR.N.A. vaccine" (F. Giovannini, R. Benzi Capelli, G. Pisano) -disinfecção 1/ 2022 organo di A.T.T.A. (Associazione Tossicologi e Tecnici Ambientali -Association toxicologi e técnicos ambientais)

20) carta aberta para trasperência ao ministério italiano da saúde, AIFA, Assobiotec Lettera aperta" Per la trasparenza , numero 08/2022 della rivista divulgativa "ND, Natura docet: la Natura insegna", appello rivolto a Ministero della Salute, AIFA, Assobiotec in relazione a tecniche di produzione e controllo dei vacini a m RNA

21) Nanomateriais (Basileia). 2019 Mar 2019 Mar 2019 3. doi: 10.3390/nano9030341

Raman (RS) Imaging of Nanocarriers for Drug Delivery

Sally Vanden-Hehir, William J. Tipping, Martin Lee, Valerie G. Brunton, Anna Williams, e Alison N. Hulme

22) Material Estrangeiro em Amostras de Sangue de Recipientes de C.O.V.I.D.-19 Vaccines international Journal of Vaccine Theory, Practice, and Research 2(1), 11 de Março de 2022

23) As drogas mais perigosas jamais lançadas sobre a população humana na história da medicina

Brendan Godwin; 29 de Setembro de 2021; Australian Bureau of Meteorology (Reformado)

24)RSC Adv. 2019 Jun 17;9(32):18559-18564. doi: 10.1039/c9ra02076d. eCollection 2019 Jun 10.

Identificação do óxido de grafeno e das suas características estruturais em solventes por microscopia óptica

Huailiang Xu , Zhikai Qi , Hongchang Jin , Jinxi Wang , Yan Qu , Yanwu Zhu , Hengxing Ji

 DOI: 10.1039/c9ra02076d

25) Journal of Molecular Liquids Volume 287, 1 de Agosto de 2019, 110942

Alterações induzidas por solventes no espectro de absorção de óxido de grafeno. O caso das misturas de dimetilsulfóxido/água

Vira Agieienko Vadim Neklyudov Ayrat Dimiev

https://doi.org/10.1016/j.molliq.2019.110942

26) Agregação, Adsorção e Transformação Morfológica de Óxido de Grafeno em Soluções Aquosas Contendo Diferentes Cátions Metálicos

Kaijie Yang, Baoliang Chen, Xiaoying Zhu, e Baoshan Xing

 Ambiente. Sci. Technol. 2016, 50, 20, 11066–11075

23 de Setembro de 2016 https://doi.org/10.1021/acs.est.6b04235

27) British Journal of Healthcare and Medical Research - Vol.9, No.4

Agosto, 25,2022

DOI:10.14738/jbemi.94.12938. Tarro, G. (2022). Ambiente e Interacções de Vírus: Rumo a uma Terapia Sistemática da SRA-CoV-2. British Journal of Healthcare

e Investigação Médica, 9(4). 253-260

Outras referências adicionais

A)https://www.reuters.com/business/healthcare-pharmaceuticals/japan-finds-stainless-steel-particles-suspended-doses-moderna-vaccine-2021-09-01/

B)https://www.aifa.gov.it/-/aifa-dispone-divieto-di-utilizzo-di-un-lotto-astrazeneca-accertamenti-in-corso-in-coordinamento-con-ema

C)https://www.pharmaceutical-technology.com/news/moderna-rovi-recall-vaccines/

D)https://www.fdanews.com/articles/207362-moderna-recalls-nearly-800000-doses-of-its-C.O.V.I.D.-19-vaccine

E)https://www.pfpdocs.com/jj-vaccine-recall

F) Dodicesimo rapporto AIFA farmacovigilanza - ADR GRAVI vedere documento (rare-molto raro)

G)EMA C.O.V.I.D.-19-vaccine-safety-update/ vedere tutti gli aggiornamenti dei vari vaccini a m RNA e non

H)   https://www.ema.europa.eu/en/news/astrazenecas-C.O.V.I.D.-19-vaccine-ema-finds-possible-link-very-rare-

casos-unuso-sangue-clots-low-blood-blood

I)   https://www.reuters.com/business/healthcare-pharmaceuticals/japan-finds-stainless-steel-particles-

suspended-doses-moderna-vaccine-2021-09-01/

L) https://www.cdc.gov/coronavirus/2019-ncov/vaccines/safety/adverse-events.html

m) Danos vasculares e de órgãos induzidos por vacinas mR.N.A.: prova irrefutável da causalidade

Michael Palmer, MD e Sucharit Bhakdi, MD doctors4C.O.V.I.D.ethics.org Quinta-feira 18 de Agosto, 2022 (1)

Artigo Website de interesse :

- De grande montanha website dec 2 2021

Perito alegadamente morto depois de ter revelado publicamente que o Hidróxido de Grafeno está no C.O.V.I.D.-19 Vacinas e avisado dos seus perigos

2 de Dezembro de 2021 por Edward Hendrie

- Publicação das grandes montanhas

Óxido de Grafeno Venenoso Encontrado nas Vacinas C.O.V.I.D.-19 Agosto 30, 2021 por Edward Hendrie

- De grandes publicações de montanha

Japão Ministério da Saúde Puxa Milhões de Moderna C.O.V.I.D.-19 Frascos de Vacina Depois de Reagirem a Ímanes

1 de Setembro, 2021 por Edward Hendrie

More
Books!

info@omniscriptum.com
www.omniscriptum.com
OMNIScriptum